8°V
20133

AF467640

EXTRAITS DU MÉMORIAL DE L'ARTILLERIE DE LA MARINE

SUR LA DÉTERMINATION DES FREINS DESTINÉS A MODÉRER LE RECUL DES AFFUTS

PAR **M. HUGONIOT**

CAPITAINE D'ARTILLERIE DE LA MARINE

PARIS

LIBRAIRIE MILITAIRE DE L. BAUDOIN ET Cie

IMPRIMEURS-ÉDITEURS

30, Rue et Passage Dauphine, 30

1888

SUR LA

DÉTERMINATION DES FREINS

DESTINÉS

A MODÉRER LE RECUL DES AFFUTS

PARIS. — IMPRIMERIE L. BAUDOIN ET Cie, 2, RUE CHRISTINE.

EXTRAITS DU MÉMORIAL DE L'ARTILLERIE DE LA MARINE

SUR LA DÉTERMINATION DES FREINS DESTINÉS À MODÉRER LE RECUL DES AFFUTS

PAR M. HUGONIOT
CAPITAINE D'ARTILLERIE DE LA MARINE

PARIS
LIBRAIRIE MILITAIRE DE L. BAUDOIN ET Ce
IMPRIMEURS-ÉDITEURS
30, Rue et Passage Dauphine, 30

1888

SUR LA

DÉTERMINATION DES FREINS

DESTINÉS

A MODÉRER LE RECUL DES AFFUTS

Par M. HUGONIOT,
Capitaine d'artillerie de la marine.

Ce Mémoire était rédigé depuis longtemps déjà, lorsque le capitaine Hugoniot s'est décidé à le publier, se réservant d'effectuer, lors de la correction des épreuves, les quelques retouches qu'il avait encore à lui faire subir.

Quelques jours après, le 9 *février* 1887, *il était emporté, à l'âge de* 36 *ans, par une mort foudroyante, qui doit être attribuée à un excès de travail intellectuel.*

Ce Mémoire se rattachait à une œuvre beaucoup plus complète, dont Hugoniot avait entrepris la rédaction, et qui devait originairement former la seconde partie du travail que le Mémorial de l'artillerie de la marine *a publié sous le titre :* Effets de la poudre dans le canon de 10 centimètres. (Mémorial, *tome X*, 1882, 1re *livraison.*) (*)

Depuis plus de cinq ans, Hugoniot travaillait, en vue de ce Mémoire dont nous avions arrêté, de concert, le

(*) *Étude des effets de la poudre dans un canon de* 10 *centimètres*, par H. Sebert, lieutenant-colonel d'artillerie de la marine, et Hugoniot, capitaine d'artillerie de la marine. — Baudoin et Ce, 1882.

programme, à l'étude des phénomènes qui accompagnent l'action des freins hydrauliques des affûts.

Fidèle à la méthode expérimentale que le regretté Hélie a mise en honneur dans l'artillerie de la marine, et dont il s'était imbu en collaborant avec ce savant modeste à la rédaction de la deuxième édition du Traité de balistique expérimentale (*), *il avait cherché à se rendre compte de tous les phénomènes qui se trouvent enregistrés par les appareils désignés sous le nom de vélocimètres, et dont il est fait depuis longtemps usage, au champ de tir de Sevran, pour enregistrer la loi des parcours, en fonction des temps, des bouches à feu et des affûts dans leur recul.*

Cette étude approfondie lui avait montré la nécessité d'aborder l'examen des déformations élastiques qui se produisent lors du tir, tant dans les organes mêmes des affûts, que dans les liquides mis en mouvement dans les freins et même dans la masse de la bouche à feu.

Il avait été conduit ainsi à reprendre successivement la théorie de la transmission des vibrations dans les corps élastiques, et celle de l'écoulement des gaz et des liquides.

L'insuffisance de ces théories l'avait amené à y substituer des méthodes nouvelles, dont il a fait connaître les parties successives dans des communications sommaires adressées à l'Académie des Sciences, communications qui donnèrent rapidement à son nom une juste notoriété (**). *Ces travaux lui avaient valu, en* 1883, *sa*

(*) *Traité de balistique expérimentale*, par M. Hélie, professeur à l'École d'artillerie de la marine; deuxième édition, considérablement augmentée, avec la collaboration de M. Hugoniot. — 1884.

(**) Sur les vibrations longitudinales des barres élastiques dont les extrémités sont soumises à des efforts quelconques, par MM. Sebert et Hugoniot. 1re partie : *Comptes rendus*, tome XCV, page 213

nomination à l'emploi de répétiteur de mécanique à l'École polytechnique et il avait tenu à conserver, avec cet emploi, sa situation d'adjoint au Laboratoire central de la Marine, qui lui permettait de continuer ses recherches de balistique et les expériences dont il comptait appuyer ses calculs.

C'est dans cette situation et au moment où il venait d'attirer de nouveau l'attention sur lui par la publication de ses recherches relatives à l'écoulement des fluides et à la propagation du mouvement (*), *que la mort est*

(juillet 1882); 2e partie : *Ibid.*, tome XCV, page 278 (7 août 1882); 3e partie : *Ibid.*, tome XCV, page 338 (14 août 1882).

Sur le choc longitudinal d'une tige élastique fixée par une de ses extrémités, par MM. Sebert et Hugoniot. *Ibid.*, p. 381 (21 août 1882).

Sur les vibrations longitudinales des verges élastiques et le mouvement d'une tige portant à son extrémité une masse additionnelle, par MM. Sebert et Hugoniot. *Ibid.*, page 775 (30 octobre 1882).

Sur la propagation d'un ébranlement uniforme dans un gaz renfermé dans un tuyau cylindrique, par MM. Sebert et Hugoniot. *Ibid.*, tome XCVIII, page 507 (25 février 1884).

(*) Sur la propagation du mouvement dans les corps et spécialement dans les gaz parfaits. *Comptes rendus des séances de l'Académie des sciences*, tome CI, page 794 (26 octobre 1885).

Sur la propagation du mouvement dans un fluide indéfini. 1re partie : *Comptes rendus*, tome CI, page 1118 (7 décembre 1885); 2e partie : *Ibid.*, page 1229 (14 décembre 1885).

Sur un théorème général relatif à la propagation du mouvement. *Comptes rendus*, tome CII, page 858 (12 avril 1886).

Sur l'écoulement des gaz dans le cas du régime permanent. *Ibid.*, page 1545 (28 juin 1886).

Sur la pression qui existe dans la section contractée d'une veine gazeuse. *Ibid.*, tome CIII, page 241 (26 juillet 1886).

Sur l'écoulement d'un gaz qui pénètre dans un récipient de capacité limitée. *Ibid.*, page 922 (15 novembre 1886).

Sur le mouvement varié d'un gaz comprimé dans un réservoir qui se vide librement dans l'atmosphère. *Ibid.*, page 1002 (22 novembre 1886).

Sur un théorème relatif au mouvement permanent et à l'écoulement des fluides. *Ibid.*, page 1178 (13 décembre 1886).

Sur l'écoulement des fluides élastiques. *Ibid.*, page 1253 (20 décembre 1886).

venue le surprendre dans un voyage à Nantes, où il s'était rendu avec le désir de recueillir des renseignements sur quelques particularités du fonctionnement des machines à air comprimé de l'ingénieur Mékarski et sur les machines marines que construit l'établissement d'Indret.

Il a laissé, sur les questions se rattachant à l'étude des freins hydrauliques, des notes volumineuses, malheureusement incomplètes, dont il sera bien difficile de tirer parti, car il avait reconnu lui-même, dans les derniers temps de sa vie, la nécessité d'en reprendre la rédaction, en tenant compte des résultats de ses dernières recherches, dans lesquelles il a abordé avec succès les théories les plus délicates de la physique mathématique.

Il avait laissé aussi des mémoires entièrement rédigés et qui ont pu, grâce au concours dévoué de MM. Sarrau et Liouville, venir compléter la série déjà longue des mémoires parus de son vivant dans le Journal de l'École polytechnique, *le* Journal de Mathématiques pures et appliquées *et les* Annales de chimie et de physique (*).

Le mémoire, dont le texte est donné ici, avait été rédigé en faisant abstraction des déformations élastiques qui se produisent dans les liquides ou même dans les organes solides mis en jeu dans le fonctionnement des freins hydrauliques de diverses espèces.

(*) Mémoire sur la propagation du mouvement dans les corps, et spécialement dans les gaz parfaits. 1re partie : *Journal de l'École polytechnique,* 57e cahier, 1887. (La 2e partie est sous presse et paraîtra dans le 58e cahier.)

Mémoire sur la propagation du mouvement dans un fluide indéfini. *Journal de mathématiques pures et appliquées,* rédigé par M. Jordan, série IV, tome III, année 1887.

Sur l'écoulement des gaz dans le cas du régime permanent. *Annales de chimie et de physique,* sixième série, tome IX, 1886, p. 375.

Ce n'est qu'une pierre de l'édifice qu'Hugoniot élevait avec tant de persévérance et qui restera inachevé.

Mais tel qu'il est, ce Mémoire qui traduit les phénomènes enregistrés par les vélocimètres, déduction faite des ondulations d'ordre secondaire que l'on observe sur le tracé des courbes de recul en fonction des temps, peut fournir toutes les données nécessaires pour la détermination des éléments de construction d'un frein hydraulique donné, quand on possède l'enregistrement de la loi du recul libre de la bouche à feu, obtenu à l'aide de vélocimètres ou d'appareils analogues.

Il suffit donc pour les applications pratiques, dans lesquelles, pendant longtemps encore, on devra négliger les déformations élastiques et les phénomènes vibratoires des corps mis en mouvement.

C'est ce qui a engagé à le publier, en respectant le texte laissé par l'auteur et se contentant de tenir compte des rectifications qu'il se proposait lui-même d'y apporter et que signalaient des notes marginales de son manuscrit.

H. SEBERT,

Colonel d'artillerie de la marine.

§ 1. — Exposé de la question.

Sous l'influence de la pression qui se développe à l'intérieur de l'âme, le système du canon et de l'affût acquiert rapidement une certaine vitesse dirigée en sens opposé à celle du boulet. De là résulte un recul dont l'étendue dépend des résistances que l'on oppose au mouvement de l'affût. Un recul trop considérable présente, pour le service, des inconvénients nombreux, à cause de la perte de temps occasionnée par le retour en batterie et de la nécessité d'accroître les dimensions des batteries. Aussi s'est-on préoccupé de tout temps de réduire le plus possible l'étendue du recul.

Pour les pièces de campagne et de siège qui reposent sur le sol par les roues et par la crosse, la seule résistance que l'on puisse opposer au mouvement de l'affût est le frottement sur le sol, et l'on rend évidemment ce frottement maximum en empêchant les roues de tourner dans le mouvement en arrière. On y parvient soit au moyen de l'enrayure, soit à l'aide de dispositifs présentant l'avantage de fonctionner automatiquement. La valeur de la résistance est alors égale au produit du poids du système par le coefficient de frottement lequel dépend uniquement de la nature du sol.

Il en est tout autrement pour les canons installés dans les batteries de position ou à bord des navires. On dispose alors de points fixes auxquels on peut relier des organes exerçant sur l'affût, pendant son recul, des efforts dont la grandeur n'est limitée que par la résistance de ces organes ou de leurs points d'attache. C'est ainsi que les affûts à roues ou à échantignolles employés dans l'ancienne artillerie navale étaient reliés aux parois du navire au moyen de forts cordages ou bragues qui se tendaient après un parcours déterminé de l'affût et en limitaient ainsi le recul.

Depuis l'adoption de l'artillerie rayée, ce moyen rudimentaire est devenu insuffisant. D'ailleurs, par suite de l'emploi des gros calibres, la question d'encombrement a pris une grande importance à bord des navires; on a cherché à réduire de plus en plus le recul et l'on construit aujourd'hui des affûts dans lesquels il n'excède pas deux ou trois calibres.

Les résistances habituellement utilisées pour modérer le recul sont le frottement et la pression développée par l'écoulement des liquides à travers d'étroits orifices.

Quand le frottement agit seul, la résistance est constante pendant toute la durée du recul. Mais lorsque la résistance est due à la pression provenant de l'écoulement d'un liquide, ainsi que cela a lieu dans les *freins hydrauliques*, cette résistance dépend de la vitesse d'écoulement et, par suite, de la vitesse de recul. De plus, si la dimension des orifices n'est pas constante, elle dépend aussi de l'espace parcouru par l'affût.

Si donc on regarde l'affût et le canon comme constituant un système invariable, afin de n'avoir pas à tenir compte des déformations élastiques dues aux réactions intérieures, si de plus on suppose les liaisons complètes de manière que le système ne puisse acquérir qu'un mouvement de translation parallèlement aux côtés du châssis, on pourra considérer le mouvement de recul comme s'opérant, d'une part, sous l'action de la pression due à la combustion de la charge qui s'exerce parallèlement à l'axe du canon; d'autre part, sous l'action d'une résistance dont l'intensité est une fonction connue de la vitesse et de l'espace parcouru.

Le problème, posé avec cette généralité, est extrêmement complexe, ainsi qu'on le verra plus loin; aussi, jusqu'à présent, on a toujours cherché à le simplifier en se basant sur ce que, dans les circonstances ordinaires, le temps pendant lequel agit la pression de la poudre est de beaucoup inférieur à la durée totale du recul. Négligeant ce temps, on a traité le problème en supposant que le système prenne brusquement, sous l'action de cette pression, une vitesse déterminée et en étudiant le mouvement retardé par une résistance fonction de la vitesse et de l'espace parcouru.

On verra que de cette manière on commet toujours une erreur qui prend une grande importance lorsque la longueur du recul et, par suite, sa durée sont extrêmement réduites, ce qui arrive toujours dans les nouveaux affûts ; c'est pourquoi il a paru utile d'examiner la question dans toute sa généralité : c'est là le but de ce travail.

Faisant d'abord abstraction de la nature du frein, on admettra simplement que la résistance due à ce frein soit une fonction donnée de la vitesse et de l'espace parcouru ; puis on examinera successivement les freins les plus usuels et spécialement les freins hydrauliques pour rechercher, dans chaque cas, la forme de la fonction qui représente la résistance. On montrera comment, dans certains cas particuliers, les problèmes que comporte l'établissement des freins peuvent être résolus simplement.

§ 2. — Sur l'erreur que l'on commet en admettant que la vitesse de recul soit communiquée instantanément au système du canon et de l'affût.

Avant tout, il n'est pas inutile de relever une erreur fréquemment commise par certains auteurs qui regardent le travail résistant que doit dépenser le frein comme une constante indépendante de sa nature. Ils arrivent à cette conclusion par une fausse application du théorème des forces vives.

Lorsque le recul est terminé, le travail des résistances est évidemment égal au travail produit sur le système par les pressions de la poudre. L'erreur dans laquelle sont tombés certains auteurs consiste à croire que ce travail des pressions de la poudre est indépendant de la nature du frein, qu'il serait le même, par conséquent, si ce dernier n'existait pas. Dans cette hypothèse, il suffirait, pour l'obtenir, de laisser l'affût rouler librement sans rencontrer de résistances; la vitesse du système augmenterait rapidement et finirait par atteindre une valeur déterminée V_2; si p_1 désigne le poids du canon et p_2 celui de 'affût, la force vive correspondante à la vitesse V_2, savoir $\frac{p_1+p_2}{2} V_2^2$ représente évidemment le travail total des pressions de la poudre dans les conditions de l'expérience; mais, comme on l'a déjà dit, ce serait une grave erreur de croire que ce travail reste le même quand le mouvement de recul est à chaque instant modifié par l'action du frein.

Considérant en effet, pour plus de simplicité, le cas où le tir est dirigé parallèlement au châssis, et soit, à un instant donné, t_1.

x_2 l'espace parcouru par le système soumis à la pression des gaz de la poudre et à l'action du frein;
x'_2 l'espace que ce système parcourrait si le frein était supprimé;
v_2 et v'_2 les vitesses correspondantes;
Π la pression totale de la poudre sur la culasse du canon;
R la résistance du frein, fonction de x_2 et v_2.

Il est clair que

$$\frac{dv_2}{dt} = \Pi - R, \quad \frac{dv'_2}{dt} = \Pi.$$

La quantité R étant supposée positive, $\frac{dv_2}{dt}$ est toujours plus petite que $\frac{dv'_2}{dt}$; par conséquent, on a constamment $v_2 < v'_2$, puisque v_2 et v'_2 sont nulles au début du mouvement.

Le travail élémentaire de la pression Π pendant le temps dt, est, dans l'un et l'autre des deux mouvements

$$\Pi \frac{dx_2}{dt} dt \quad \text{et} \quad \Pi \frac{dx'_2}{dt} dt$$

ou

$$\Pi\, v_2\, dt \qquad \text{et} \qquad \Pi\, v'_2\, dt.$$

Le travail élémentaire $\Pi v_2\, dt$, correspondant au cas où l'affût est muni de son frein, est, puisque $v_2 < v'_2$, inférieur au travail élémentaire $\Pi v'_2\, dt$, qui serait produit dans le même temps si le système était entièrement libre.

La même conclusion peut être évidemment étendue au travail total de la poudre, qui se trouve ainsi diminué par la présence du frein, et il est clair que la diminution est d'autant plus visible que la résistance R est plus grande ; de là, cette conséquence :

La force vive que la poudre communiquerait au système du canon et de l'affût supposé entièrement libre est toujours supérieure au travail que doit développer le frein pour amortir le recul.

La différence croissant avec la résistance du frein, on peut dire que *plus le frein est énergique, moins il développe de travail résistant pour amortir le recul.*

Si la résistance R était égale à chaque instant à la pression Π, la vitesse v_2 serait constamment nulle ; le frein ne développerait aucun travail, et cependant il pourrait être regardé comme parfait, puisque l'affût n'éprouverait aucun recul.

§ 3. — Détermination de la pression de la poudre.

Il résulte de ce qui précède que, pour la solution des problèmes qui concernent l'établissement des freins, il est indispensable de connaître la manière dont la pression Π de la poudre sur la culasse varie avec le temps.

Le procédé le plus commode pour y parvenir consiste à enregistrer le mouvement que prend, pendant le tir, le canon isolé et disposé de manière à pouvoir reculer librement. Cet enregistrement se fait, au champ de tir de Sevran-Livry, au moyen du vélocimètre. Le canon repose, par ses tourillons, sur deux glissières métalliques horizontales ; la culasse est soutenue par une troisième glissière, également horizontale. Quand on met le feu à la charge, la pièce recule sans éprouver d'autre résistance qu'un frottement insignifiant, dont il serait d'ailleurs facile de tenir compte. Le recul reste libre sur un parcours suffisant pour que la pression de la poudre soit devenue négligeable ; puis, les tourillons rencontrent deux frotteurs qu'ils entraînent avec eux, et qui se coincent de plus en plus entre les glissières, de manière à éteindre progressivement la vitesse de recul.

Un ruban d'acier, relié au canon, est entraîné avec lui dans son mouvement. Ce ruban est couvert de noir de fumée, et un diapason fixe y laisse un tracé sinusoïdal qui permet de déterminer les espaces parcourus par le canon pour une suite d'instants séparés par un intervalle égal à la durée de vibration du diapason.

Soit Δt, la durée de vibration du diapason ; on connaît les espaces x_1', x_1'', x_1''', parcourus aux instants Δt, $2\Delta t$, $3\Delta t$, etc., par le canon dans son mouvement de recul, en prenant les différences $x_1''-x_1'$, $x_1'''-x_1''$, etc., et divisant chacune d'elles par Δt, on obtient la vitesse moyenne dans chacun de ces intervalles, et on la regarde comme celle que possédait le canon au milieu de l'intervalle correspondant.

Considérant ensuite la suite de ces vitesses v_1', v_1'', v_1''', et formant les différences $v_1''-v_1'$, $v_1'''-v_1''$, puis, divisant chaque différence par Δt, on a l'accélération moyenne dans chacun des intervalles égaux Δt, et l'on fait correspondre cette accélération moyenne au milieu de l'intervalle.

Enfin, en multipliant chacune de ces accélérations par la masse du canon, on trouve la force qui modifie le mouvement, laquelle n'est autre chose que la pression totale Π, développée contre la culasse par la combustion de la charge.

La force Π est ainsi connue pour une suite de valeurs

du temps très rapprochées les unes des autres, ce qui indique très suffisamment la manière dont cette pression varie avec le temps. Rien n'empêche, du reste, de construire une courbe continue, en prenant pour abscisses les temps et pour ordonnées les valeurs de Π ; cette courbe sera évidemment facile à tracer avec une grande approximation, vu le grand nombre de points qui correspondent aux données de l'expérience.

Si donc on a pris la peine de faire préalablement sur le canon que l'on étudie une expérience de recul libre, conformément au procédé qui vient d'être décrit, on peut regarder la pression totale Π comme une fonction connue de t. A la vérité, son expression analytique n'est pas donnée, mais on peut, au moyen de la représentation graphique dont il a été question, obtenir immédiatement la valeur de la fonction, qui correspond à un temps t déterminé.

On verra plus loin qu'on est amené à considérer les deux intégrales.

$$\int_0^t \Pi\,dt \qquad \text{et} \qquad \int_0^t dt \int_0^t \Pi\,dt.$$

Chacune de ces intégrales est une fonction du temps, et il n'est pas inutile de remarquer que ces deux nouvelles fonctions sont déterminées directement par l'expérience de recul libre.

On a effectivement, en appelant p_1 le poids du canon et v_1 sa vitesse à un instant quelconque

$$\frac{p_1}{g}\,\frac{dv_1}{dt} = \Pi$$

$$\frac{p_1}{g}\,v_1 = \int_0^t \Pi\,dt;$$

Ainsi l'intégrale $\int_0^t \Pi\,dt$ est égale à chaque instant au produit de la vitesse de recul par la masse du canon.

De même, en désignant par x_1 l'espace parcouru par le canon à l'instant t,

$$\frac{dx_1}{dt} = v_1,$$

$$x_1 = \int_0^t v_1 \, dt$$

$$\frac{p_1}{g} x_1 = \frac{p_1}{g} \int_0^t v_1 \, dt = \int_0^t dt \int_0^t \Pi \, dt.$$

L'intégrale $\int_0^t dt \int_0^t \Pi \, dt$ est égale, par conséquent, au produit de l'espace parcouru x_1 par la masse du canon.

Or, les valeurs de x_1 et de v_1 sont, comme celle de Π, connues pour une suite d'instants, séparés par des intervalles égaux Δt. La précision de leur détermination est même supérieure à celle de Π, car cette quantité n'est obtenue que par deux différentiations, tandis que les valeurs de x_1 sont déduites immédiatement de l'expérience, et les valeurs de v_1 sont données par une seule différentiation.

On peut aisément construire, pour les fonctions x_1 et v_1, des courbes analogues à celle qui représente la fonction Π, et en multipliant par $\frac{p_1}{g}$ les ordonnées de ces courbes, on aura les valeurs des fonctions représentées par les intégrales $\int_0^t \Pi \, dt$, $\int_0^t dt \int_0^t \Pi \, dt$.

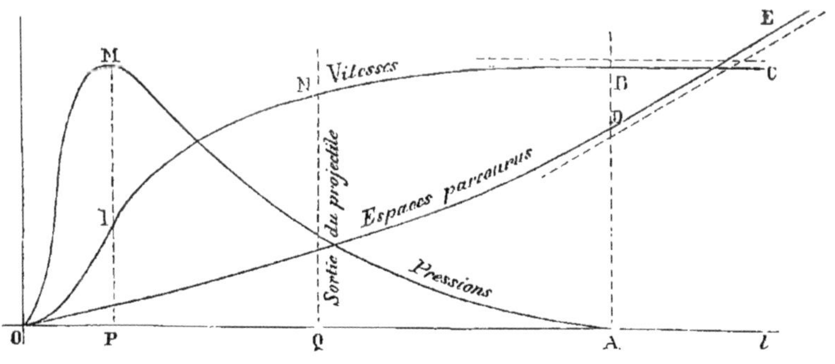

Quel que soit le canon considéré, les courbes qui représentent les fonctions Π, v_1 et x_1, ont toujours la même forme générale.

La fonction Π est représentée par une courbe OMA, dont l'ordonnée, nulle, pour $t = o$, croît très rapidement, passe par un maximum et devient ensuite décroissante. L'ordonnée devient nulle pour un temps OA à partir duquel la pression de la poudre peut être regardée comme négligeable ; mais ce temps OA est notablement supérieur à la durée OQ du parcours du projectile dans l'âme.

La courbe des vitesses OINBC part de l'origine et tourne d'abord sa concavité vers la partie supérieure ; elle présente un point d'inflexion I, dont l'abscisse est égale à celle du maximum de la courbe des pressions ; puis la concavité est tournée vers le bas. La vitesse n'atteint son maximum AB qu'à partir du moment où la pression Π devient nulle ; il en résulte que la vitesse de recul continue à croître très notablement après que le projectile a quitté le canon. Sur la figure la quantité dont la vitesse de recul augmente encore après la sortie du boulet est représentée par la différence des ordonnées AB et QN. A partir du moment où la pression de la poudre devient négligeable, la vitesse demeure constante, par suite, la courbe se confond avec une horizontale BC.

Enfin, la courbe des espaces parcourus ODE présente d'abord une partie de forme parabolique, tournant sa concavité vers le haut.

A partir de l'abscisse OP le rayon de courbure augmente de plus en plus et devient infini en D, au moment où la pression de la poudre devient négligeable. Le mouvement devenant ensuite uniforme, la courbe des espaces parcourus se réduit alors à une droite DE.

§ 4. — Équation générale du mouvement de recul.

Soit i l'inclinaison du châssis et α l'angle de tir, p_1 et p_2 les poids du canon et de l'affût, v_2 la vitesse du mouvement à l'instant t, les liaisons étant supposées complètes, de manière que le système du canon et de l'affût soit assujetti à se mouvoir parallèlement au châssis, on obtient l'équation du mouvement en projetant les forces appliquées au système sur la ligne de plus grande pente du châssis.

Représentant comme précédemment par R la somme des résistances dues au frein, parmi lesquelles on comprend le frottement et la projection sur le châssis du poids du système, on a évidemment

$$\frac{p_1 + p_2}{g} \frac{dv_2}{dt} = \Pi \cos(\alpha + i) - R.$$

ou en appelant x_2 l'espace parcouru à l'instant t,

$$\frac{p_1 + p_2}{g} \frac{d^2 x_2}{dt^2} = \Pi \cos(\alpha + i) - R.$$

La quantité R étant supposée fonction de x_2 et de v_2 ou $\frac{dx_2}{dt}$, l'équation peut encore s'écrire

$$\frac{d^2 x_2}{dt^2} = f(t) - \varphi\left(x_2, \frac{dx_2}{dt}\right)$$

en posant

$$\frac{g \cos(\alpha + i)}{p_1 + p_2} \Pi = f(t)$$

et

$$\frac{g R}{p_1 + p_2} = \varphi\left(x_2, \frac{dx_2}{dt}\right),$$

et tant qu'on laisse à la fonction φ sa généralité, l'intégration est impossible. Le problème ne peut être résolu que par des approximations qui seront développées ultérieurement.

Quand la fonction φ se réduit à une constante, l'équation précédente s'intègre immédiatement puisqu'il suffit d'effectuer deux quadratures.

Lorsque la fonction φ est indépendante de x_2, l'équation s'abaisse au premier ordre et devient

$$\frac{dv_2}{dt} = f(t) - \varphi(v_2);$$

mais en général son intégration est encore impossible. Parmi les formes de la fonction $\varphi(v_2)$ qui rendent l'intégration possible, on n'aperçoit guère *à priori* que la suivante :

$$\varphi(v_2) = av_2 + b,$$

a et b désignant des constantes.

Si l'on posait :

$$\varphi(v_2) = av_2^2,$$

l'équation que l'on obtiendrait ne serait autre chose qu'une équation de Riccati généralisée, et l'intégration serait impossible.

Si l'on avait $\varphi(v_2) = av_2 + b$, la résistance du frein varierait proportionnellement à la vitesse ; cette hypothèse présente un certain intérêt, car certains artilleurs l'ont admise pour les affûts munis de freins hydrauliques (à orifices constants), bien qu'elle paraisse assez peu vraisemblable. On va donc l'examiner tout d'abord, puis on étudiera ce qui se passe dans le cas beaucoup plus simple où la résistance étant constante, il en est de même de la fonction φ.

§ 5. — Cas où la résistance du frein varie proportionnellement à la vitesse de recul.

L'équation qu'il s'agit d'intégrer se réduit alors à :

$$(1) \qquad \frac{dv_2}{dt} + av_2 + b - f(t) = o;$$

elle est linéaire et du premier ordre.

Pour l'intégrer, on considérera d'abord l'équation sans second membre

$$\frac{dv_2}{dt} + av_2 = o,$$

qui donne

$$v_2 = Ae^{-at};$$

la quantité A est constante dans l'intégrale de l'équation sans second membre, mais il faut la faire varier pour obtenir celle de l'équation complète. Considérant donc A comme fonction de t et substituant dans l'équation primitive, on trouve

$$\frac{dA}{dt} e^{-at} + b - f(t) = o,$$

$$A = \int_o^t [f(t) - b]\, e^{at} dt + C,$$

et l'intégrale de l'équation proposée est

$$v_2 = e^{-at} \int_o^t [f(t) - b]\, e^{at} dt + C e^{-at},$$

ou

$$(2) \qquad v_2 = e^{-at} \int_o^t f(t)\, e^{at}\, dt + Ce^{-at} - \frac{b}{a}.$$

Pour $t = o$, on a $v_2 = o$; donc $C = \frac{b}{a}$ et

$$(3) \qquad v_2 = e^{-at} \int_o f(t)\, e^{at}\, dt + \frac{b}{a}(e^{-at} - 1).$$

On peut transformer le premier terme du second membre, car en intégrant par parties

$$\int_o^t f(t) e^{at}\, dt = e^{at} \int_o^t f(t) dt - a \int_o^t e^{at}\, dt \int_o^t f(t) dt,$$

ou en posant

$$\int_0^t f(t)\,dt = \varphi(t),$$

$$\int_0^t f(t)\,e^{at}\,dt = \varphi(t)\,e^{at} - a\int_0^t \varphi(t)\,e^{at}\,dt.$$

De même en posant

$$\int_0^t \varphi(t)\,dt = \mathrm{F}(t),$$

on a

$$\int_0^t f(t)\,e^{at}\,d(t) = \varphi(t)\,e^{at} - a\,\mathrm{F}(t)\,e^{at} + a^2\int_0^t \mathrm{F}(t)\,e^{at}\,dt,$$

de sorte que

$$(4)\quad v_2 = \varphi(t) - a\,\mathrm{F}(t) + a^2\,e^{-at}\int_0^t \mathrm{F}(t)\,e^{at}\,dt + \frac{b}{a}\,(e^{-at} - 1).$$

Multipliant par dt et intégrant de nouveau, on trouve

$$x_2 = \mathrm{F}(t) - a\int_0^t \mathrm{F}(t)\,dt + a^2\int_0^t e^{-at}\,dt\int_0^t \mathrm{F}(t)\,e^{at}\,dt - \frac{b}{a^2}\,(e^{-at} + at) + \mathrm{C},$$

et en déterminant la constante de manière que x_2 soit nul pour $t = o$,

$$(5)\quad x_2 = \mathrm{F}(t) - a\int_0^t \mathrm{F}(t)\,dt + a^2\int_0^t e^{-at}\,dt\int_0^t \mathrm{F}(t)\,e^{at}\,dt - \frac{b}{a^2}\,(e^{-at} + at - 1).$$

Les valeurs de v_2 et x_2 se trouvent ainsi exprimées en fonction du temps au moyen de deux fonctions $\varphi(t)$ et $F(t)$ dont la dernière se trouve, il est vrai, engagée sous des signes d'intégration ; les quadratures doivent être effectuées par les procédés ordinaires ; mais il faut auparavant déterminer les fonctions $\varphi(t)$ et $F(t)$.

On a posé

$$f(t) = \frac{g \cos(\alpha + i)}{p_1 + p_2} \Pi.$$

Donc

$$\varphi(t) = \int_0^t f(t)\, dt = \frac{g \cos(\alpha + i)}{p_1 + p_2} \int_0^t \Pi\, dt = \frac{p_1 \cos(\alpha + i)}{p_1 + p_2} v_1,$$

v_1 désignant la vitesse acquise au temps t par le canon reculant librement (§ 3).

On a d'autre part

$$F(t) = \int_0^t \varphi(t)\, dt = \int_0^t dt \int_0^t f(t)\, dt = \frac{g \cos(\alpha + i)}{p_1 + p_2} \int_0^t dt \int_0^t \Pi\, dt,$$

et enfin

$$F(t) = \frac{p_1 \cos(\alpha + i)}{p_1 + p_2} x_1$$

x_1 désignant de même l'espace parcouru par le canon reculant librement.

Il reste à déterminer les valeurs de a et b.

Soit

$$R = Av_2 + B \tag{6}$$

la résistance du frein. On a (§ 4) :

$$av_2 + b = \frac{gA}{p_1 - p_2} v_2 + \frac{gB}{p_1 + p_2},$$

d'où

$$a = \frac{gA}{p_1 + p_2}, \qquad b = \frac{gB}{p_1 + p_2}.$$

Les expressions de v_2 et x_2 deviennent ainsi :

$$(7)\left\{\begin{aligned} v_2 = {} & \frac{p_1 \cos(\alpha+i)}{p_1+p_2} v_1 - \frac{g p_1 \cos(\alpha+i)}{(p_1+p_2)^2} \mathrm{A}\, x_1 \\ & + \frac{g^2 p_1 \cos(\alpha+i)}{(p_1+p_2)^3} \mathrm{A}^2 e^{-\frac{g\mathrm{A}}{p_1+p_2}t} \int_0^t x_1 e^{\frac{g\mathrm{A}}{p_1+p_2}t} dt \\ & + \frac{\mathrm{B}}{\mathrm{A}}\left[e^{-\frac{g\mathrm{A}}{p_1+p_2}t} - 1\right]; \end{aligned}\right.$$

$$(8)\left\{\begin{aligned} x_2 = {} & \frac{p_1 \cos(\alpha+i)}{p_1+p_2} x_1 - \frac{g p_1 \cos(\alpha+i)\,\mathrm{A}}{(p_1+p_2)^2} \int_0^t x_1\, dt \\ & + \frac{g^2 p_1 \cos(\alpha+i)}{(p_1+p_2)^3} \mathrm{A}^2 \int_0^t e^{-\frac{g\mathrm{A}}{p_1+p_2}t} dt \int_0^t x_1 e^{\frac{g\mathrm{A}}{p_1+p_2}t} dt \\ & - \left(\frac{p_1+p_2}{g\mathrm{A}^2}\right) \mathrm{B}\left[e^{-\frac{g\mathrm{A}}{p_1+p_2}t} + \frac{g\mathrm{A}}{p_1+p_2} t - 1\right]. \end{aligned}\right.$$

Les inconnues v_2 et x_2 se trouvent ainsi exprimées au moyen de la vitesse v_1 et de l'espace parcouru x_1 que l'on suppose déterminés dans l'expérience faite sur le recul libre. Mais il faut, pour obtenir numériquement les valeurs de x_2 et de v_2, effectuer des quadratures approximatives qui pourront, d'ailleurs, se faire avec toute la précision désirable.

On serait parvenu à des expressions beaucoup plus simples en laissant subsister dans les formules la fonction Π, mais le calcul serait moins approché. En effet. l'expérience de recul libre fournit directement la valeur du parcours x_1 en fonction du temps, de sorte que x_1 est connu avec une très grande précision. La vitesse v_1 s'en déduit par différentiation, et la pression Π se déduit elle-même de v_1 par une nouvelle différentiation. Les différentiations portant sur une fonction déterminée uniquement par l'expérience entraînent en général des erreurs, et ces erreurs peuvent prendre une grande importance quand on passe aux différences secondes. La fonction Π est donc beaucoup moins bien déterminée que la vitesse v_1, et celle-ci l'est moins bien que le parcours x_1. Il y a donc tout avantage à introduire ces dernières dans les calculs et à faire disparaître Π.

§ 6. — Transformation des formules.

Généralement la durée totale du recul est supérieure au temps pendant lequel la pression de la poudre conserve une valeur appréciable.

Soit τ la durée d'action de la poudre, ξ l'espace parcouru à cet instant dans le recul libre et V_1 la vitesse acquise à cet instant par le canon dans ce dernier mouvement. Pour toutes les valeurs de t supérieures à τ, on a

$$v = V_1, \qquad x_1 = \xi + V_1 (t - \tau).$$

On arrivera à des formules plus pratiques en décomposant chacune des intégrales qui entrent dans les expressions de v_2 et x_2 en deux autres, l'une prise entre les limites zéro et τ, l'autre entre les limites τ et t.

Il vient, de cette manière, pour toutes les valeurs de t supérieures à τ,

$$\int_0^t x_1\,dt = \int_0^\tau x_1\,dt + \int_0^t [\xi + V_1 (t - \tau)]\,dt = \int_0^\tau x_1\,dt$$

$$+ (\xi - V_1 \tau)(t - \tau) + \frac{V_1 (t^2 - \tau^2)}{2},$$

$$\int_0^t x_1 e^{at}\,dt = \int_0^\tau x_1 e^{at}\,dt + \int_\tau^t [\xi + V_1 (t - \tau)]\, e^{at}\,dt$$

$$\int_0^t x_1 e^{at}\,dt = \int_0^\tau x_1 e^{at}\,dt + \frac{\xi - V_1 \tau}{a}\left[e^{at} - e^{a\tau}\right]$$

$$+ \frac{V_1}{a}\left[t e^{at} - \tau e^{a\tau}\right] - \frac{V_1}{a^2}\left[e^{at} - e^{a\tau}\right],$$

ou bien

$$\int_0^t x_1 e^{at}\,dt = \int_0^\tau x_1 e^{at}\,dt + \frac{\xi}{a}(e^{at} - e^{a\tau})$$

$$+ \frac{V_1(t-\tau)}{a} e^{at} - \frac{V_1}{a^2}(e^{at} - e^{a\tau}),$$

ou encore

$$\int_0^t x_1 e^{at}\,dt = \int_0^\tau x_1 e^{at}\,dt$$

$$+ \frac{1}{a}\left(\xi - \frac{V_1}{a}\right)(e^{at} - e^{a\tau}) + \frac{V_1}{a}(t-\tau)\,e^{at}.$$

Enfin, en posant pour un instant

$$\int_0^t x_1 e^{at}\,dt = f(t),$$

on a

$$\int_0^t e^{-at}\,dt \int_0^t x_1 e^{at}\,dt = -\frac{1}{a} e^{-at} f(t) + \frac{1}{a}\int_0^t e^{-at} f'(t)\,dt,$$

c'est-à-dire

$$\int_0^t e^{-at}\,dt \int_0^t x_1 e^{at}\,dt = -\frac{1}{a}\,e^{-at}\int_0^t x_1 e^{at}\,dt + \frac{1}{a}\int_0^t x_1\,dt;$$

de sorte que l'intégrale qui figure au premier membre de la formule précédente s'exprime à l'aide des deux intégrales déjà calculées et, par conséquent aussi, à l'aide des trois constantes

$$H = \int_0^\tau x_1\,dt, \qquad K = \int_0^\tau x_1 e^{at}\,dt,$$

$$L = \int_0^\tau e^{-at}\,dt \int_0^t x_1 e^{at}\,dt,$$

qui restent seules inconnues dans les expressions de ces

intégrales, et entre lesquelles, d'ailleurs, existe une relation linéaire évidente

$$aL - e^{-a\tau} K + H = 0.$$

En utilisant les résultats qui viennent d'être obtenus, et posant, pour abréger,

$$\frac{g \cos(\alpha + i)}{p_1 + p_2} = m$$

$$\frac{p_1 \cos(\alpha + i)}{p_1 + p_2} = m_1,$$

on parvient aux formules suivantes :

$$\frac{v_2}{m_1} = a^2 K e^{-at} - a\left(\xi - \frac{V_1}{a}\right) e^{-a(t-\tau)} + \frac{b}{am_1}(e^{-at} - 1)$$

$$\frac{x_2}{m_1} = -aH + a^2 L + aK(e^{-a\tau} - e^{-at})$$

$$+\left(\xi - \frac{V_1}{a}\right) e^{-a(t-\tau)} + \frac{V_1}{a} - \frac{b}{m_1 a^2}(e^{-at} + at - 1).$$

Toutes les intégrales étant ainsi exprimées au moyen de fonctions analytiques et des constantes H, K, L, il reste à déterminer ces dernières.

Détermination graphique des constantes H K L. — La première s'obtient en construisant les courbes des espaces parcourus x_1 dans le recul libre et en mesurant l'aire comprise entre l'axe des abscisses, la courbe et l'ordonnée correspondant à l'instant τ.

Pour obtenir la constante K, il faut d'abord construire la courbe dont l'ordonnée y est :

$$y = x_1 e^{at},$$

d'où

$$\log y = \log x_1 + at \log e$$

ou en désignant par M le module des logarithmes vulgaires

$$\log y = \log x_1 + \mathrm{M}\, at;$$

d'ailleurs
$$a = \frac{g\mathrm{A}}{p_1 + p_2};$$

donc

$$\log y = \log x_1 + \frac{\mathrm{M}g\,\mathrm{A}t}{p_1 + p_2}.$$

Il suffira de calculer quatre ou cinq valeurs de y pour construire la courbe avec une exactitude bien suffisante. Cela fait, l'aire comprise entre l'axe des abscisses, la courbe et l'ordonnée correspondant à la distance τ, mesurera la constante K.

Mais il reste à calculer L, et à cet effet il faut construire la courbe dont l'ordonnée Y est donnée par

$$\mathrm{Y} = e^{-at} \int_0^t x_1 e^{at}\, dt = e^{-at} \int_0^t y\, dt.$$

Posant $z = \int_0^t y\, dt$, la valeur de z n'est autre que l'aire de la courbe précédente jusqu'à l'ordonnée qui correspond à l'abscisse t. Il suffira de déterminer 4 ou 5 valeurs de z par des quadratures approximatives ; de chacune d'elles on déduira une valeur de Y par la formule

$$\log \mathrm{Y} = \log z - \frac{\mathrm{M}g\,\mathrm{A}t}{p_1 + p_2},$$

et au moyen de ces valeurs de Y on construira une courbe dont on déterminera l'aire comprise entre l'origine et l'ordonnée correspondant à $t = \tau$. On obtiendra ainsi la valeur de L.

Dans tous ces calculs, il est clair que les temps doivent être exprimés en secondes, les longueurs en mètres et les forces en kilogrammes.

§ 7. — Discussion des formules.

Les formules qui ont été obtenues en dernier lieu ne conviennent que pour des valeurs de t supérieures à τ; quand t est inférieur à τ il faut évidemment avoir recours aux formules (7) et (8) qui exigent des quadratures approximatives.

Il est clair que la vitesse du mouvement se montre d'abord croissante ; elle atteint son maximum pour une valeur de t qui ne pourrait être déterminée que par tâtonnements. C'est l'instant où la résistance du frein est égale à la composante parallèle au châssis de la pression totale Π de la poudre.

On peut toutefois faire la remarque suivante : Si la résistance du frein est proportionnelle à la vitesse, c'est-à-dire, si dans l'expression de la résistance, on néglige le terme constant B correspondant au frottement et à l'action de la pesanteur, il faut faire $b = o$ dans les expressions de v_2 et de x_2, de sorte que ces dernières deviennent proportionnelles à m_1. Le facteur m_1 est d'ailleurs le seul qui renferme $\cos(\alpha + i)$ auquel il est proportionnel. Il en résulte que pour les mêmes valeurs de t, les valeurs de v_2 et de x_2 sont proportionnelles au cosinus de l'angle que forme la direction du canon avec celle du châssis. L'instant auquel se produit le maximum de vitesse et la durée totale du recul ne dépendent donc nullement de l'inclinaison du canon ; mais la longueur totale du recul ainsi que la valeur du maximum de vitesse sont proportionnelles au cosinus de l'angle que la direction du tir forme avec celle du châssis.

Pour ce qui concerne particulièrement le maximum de vitesse, on voit qu'il se produit alors toujours au même instant ; mais la valeur de ce maximum est proportionnelle à $\cos(\alpha + i)$.

A l'instant τ où la pression de la poudre devient négligeable, on a, en désignant par V_2 et X_2 la vitesse et l'espace parcouru à l'époque τ,

$$(13) \begin{cases} V_2 = a^2 m_1 K e^{-a\tau} + \frac{b}{a}(e^{-a\tau} - 1) - m_1 a\left(\xi - \frac{V_1}{a}\right) \\ X_2 = -a m_1 H + a^2 m_1 L + m_1 \xi \\ \qquad - \frac{b}{a^2}(e^{-a\tau} + a\tau - 1), \end{cases}$$

formules qui, dans le cas où la résistance est simplement proportionnelle à la vitesse, se réduisent à :

$$(14) \begin{cases} V_2 = m_1 V_1 - m_1 a\,\xi + a^2 m_1 K e^{-a\tau} \\ X_2 = m_1\,\xi - m_1 a H + a_1^2 m_1 L \end{cases}$$

obtenues en faisant dans les précédentes $b = o$.

Le terme $m_1 V_1$ représente la vitesse que posséderait le système s'il n'y avait pas de résistance, et il est facile de voir que l'ensemble des deux derniers termes de l'expression de V_2 est négatif; en effet :

$$-m_1 a\,\xi + a^2 m_1 K e^{-a\tau} = -m_1 a\,(\xi - aKe^{-a\tau});$$

or,

$$aK = a\int_0^\tau x_1 e^{at}\,dt = \Big[x_1 e^{at}\Big]_0^\tau - \int_0^\tau v_1 e^{at}\,dt$$

$$= \xi e^{a\tau} - \int_0^\tau v_1 e^{at}\,dt;$$

donc

$$-m_1 a\xi + a^2 m_1 K e^{-a\tau} = -m_1 a e^{-a\tau}\int_0^\tau v_1 e^{at}\,dt.$$

Tous les éléments de l'intégrale étant positifs, il en résulte que le second membre est nécessairement négatif; donc :

$$V_2 < m_1 V_1.$$

On vérifierait de même que X_2 est inférieur à $m_1 \xi$.

Cela posé, les expressions de v_2 et de x_2 peuvent s'exprimer en fonction de V_2 et de X_2, sous la forme :

$$(15)\quad \left\{ \begin{aligned} v_2 &= V_2 e^{-a(t-\tau)} + \frac{b}{a}\left[e^{-a(t-\tau)} - 1\right] \\ x_2 &= X_2 - \frac{V_2}{a}\left[e^{-a(t-\tau)} - 1\right] \\ &\quad - \frac{b}{a^2}\left[e^{-a(t-\tau)} + a(t-\tau) - 1\right]. \end{aligned} \right.$$

Si la résistance était simplement proportionnelle à la vitesse, on aurait $b = o$, et par suite :

$$v_2 = V_2 e^{-a(t-\tau)}$$

$$x_2 = X_2 - \frac{V_2}{a}\left[e^{-a(t-\tau)} - 1\right].$$

La vitesse décroîtrait suivant les ordonnées d'une courbe exponentielle; la durée totale du recul serait infinie, car la valeur de v_2 ne devient nulle que pour t infini.

L'espace parcouru n'en serait pas moins fini, car en faisant t infini dans la valeur de x_2, on trouve, en appelant X le recul total :

$$X = X_2 + \frac{V_2}{a} = X_2 + \frac{p_1 + p_2}{g}\frac{V_2}{A}.$$

Dans la pratique, b n'est jamais nul; pour obtenir la durée totale T du recul, il faut faire $v_2 = o$ dans la première des formules (3) qui devient :

$$0 = V_2 e^{-a(T-\tau)} + \frac{b}{a} e^{-a(T-\tau)} - \frac{b}{a})$$

et, posant $\qquad T - \tau = T'$

$$e^{aT'} = \frac{V_2 + \frac{b}{a}}{\frac{b}{a}} = \frac{aV_2 + b}{b},$$

$$e^{aT'} = 1 + \frac{aV_2}{b},$$

$$aT' \log e = \log\left(1 + \frac{aV_2}{b}\right),$$

$$T' = \frac{1}{Ma} \log\left(1 + \frac{aV_2}{b}\right),$$

M étant le module des logarithmes népériens.

On a d'ailleurs

$$X = X_2 - \frac{V_2}{a}(e^{-aT'} - 1) - \frac{b}{a^2}(e^{-aT'} + aT' - 1),$$

ou, puisque $e^{-aT'} = \dfrac{b}{b + aV_2}$,

$$X = X_2 + \frac{V_2}{a} + \frac{b}{a^2} - \left(\frac{V_2}{a} + \frac{b}{a^2}\right)\frac{b}{b + aV_2}$$

$$- \frac{b}{Ma^2} \log\left(1 + \frac{aV_2}{b}\right),$$

$$X = X_2 + \frac{aV_2 + b}{a^2}\left(1 - \frac{b}{b + aV_2}\right)$$

$$- \frac{b}{Ma^2} \log\left(1 + \frac{aV_2}{b}\right),$$

$$X = X_2 + \frac{V_2}{a} - \frac{b}{Ma_2} \log\left(1 + \frac{aV_2}{b}\right).$$

§ 8. — Application à la construction des freins.

On vient de déterminer les formules qui conviendraient au mouvement de recul si la résistance des freins variait proportionnellement à la vitesse. Or, des expériences exécutées par la commission de Gâvre (rapport n° 908), conduisent à cette conclusion que quand l'orifice d'écoulement des freins hydrauliques est constant pendant la durée du recul, la résistance opposée par ces freins est très sensiblement proportionnelle à la vitesse. On doit d'ailleurs joindre à cette dernière la résistance correspondant au frottement et à la composante de la pesanteur parallèle aux côtés du châssis, de sorte que, dans les freins hydrauliques à section d'écoulement constante, la résistance R serait, comme on l'a supposé dans les paragraphes précédents, représentée par la formule :

$$R = Av_2 + B,$$

et que les formules obtenues seraient applicables. Il est donc naturel de rechercher comment ces formules pourraient être utilisées dans la pratique.

Le problème à résoudre est le suivant : Le poids du canon et celui de l'affût sont donnés ainsi que l'inclinaison des côtés du châssis. Il s'agit de déterminer un frein hydraulique à orifices constants, de manière que le recul maximum soit égal à une longueur donnée X.

On suppose qu'il a été fait, dans les conditions normales de chargement, une expérience de recul libre donnant les fonctions x_1 et v_1 en fonction du temps.

Dans l'expression de R, le terme constant B doit être regardé comme connu.

Si, par exemple, l'affût repose simplement pendant le recul sur les côtés du châssis, on a, en appelant f le coefficient de frottement :

$$B = (p_1 + p_2)(f \cos i + \sin i).$$

Si l'affût repose sur le châssis par l'intermédiaire de galets, on peut encore employer une expression du même genre, à condition d'adopter pour f une valeur dépendant à la fois du roulement des galets sur le châssis et du frottement de ces mêmes galets sur leurs axes.

Enfin si le frein hydraulique est combiné avec un frein à frottement, tel que le frein à lames, il faudra ajouter à l'expression précédente un terme constant correspondant à la résistacce connue opposée par le frein auxiliaire.

La valeur de B étant connue, on en déduit celle de b par la formule

$$b = \frac{g\mathrm{B}}{p_1 + p_2}.$$

La détermination du frein hydraulique comprend deux problèmes distincts. Il faut d'abord calculer le coefficient A qui entre dans l'expression de R, puis il faut déterminer les dimensions des cylindres et des orifices d'écoulement. On reviendra plus loin sur cette deuxième partie de la question. pour laquelle il est nécessaire de tenir compte des données de l'expérience. Pour le moment, on se contentera de procéder à la recherche du coefficient A, ou, ce qui revient au même, de a, puisque

$$a = \frac{g\mathrm{A}}{p_1 + p_2}.$$

Il est bien clair que la longueur du recul atteint son maximum quand l'axe du canon est parallèle au châssis, c'est-à-dire quand l'angle α est égal à $-i$. C'est donc ce cas qu'il faut considérer pour la détermination du frein.

On a trouvé (§ 7) :

$$(1) \qquad \mathrm{X} = \mathrm{X}_2 + \frac{\mathrm{V}_2}{a} - \frac{b}{\mathrm{M}a^2} \log\left(1 + \frac{a\mathrm{V}_2}{b}\right).$$

La valeur de X est donnée, ainsi que celle de b ; si X_2

et V_2 étaient connus, l'équation précédente ne renfermerait d'autre inconnue que a et on pourrait la résoudre par les procédés usuels.

X_2 et V_2 dépendent de a; mais on peut procéder par approximations successives; en faisant d'abord $a = o$, on déterminera les valeurs de X_2 et V_2 qui seront évidemment trop grandes; puis en les transportant dans l'équation précédente, on en tirera une valeur a_1 de a, qui servira à un nouveau calcul de X_2 et V_2. Les nouvelles valeurs obtenues pour ces quantités seront encore transportées dans l'équation ci-dessus, et l'on en tirera pour a une nouvelle valeur a_2. On continuera de la même manière jusqu'à ce que les deux dernières valeurs obtenues pour a diffèrent à peine l'une de l'autre, ce qui finira nécessairement par arriver, ainsi qu'il est facile de le faire voir (*).

(*) On supposera que l'on soit arrivé à une valeur trop faible a_n de a. On fait usage de cette valeur a_n pour calculer les valeurs $X_2^{(n)}$ et $V_2^{(n)}$, puis on substituera dans l'équation (1) qui fournit pour a une nouvelle valeur approchée a_{n+1}.

$$\text{Ainsi : } X = X_2^{(n)} + \frac{V_2^{(n)}}{a_{n+1}} - \frac{b}{M a^2_{n+1}} \log\left(1 + \frac{a_{n+1} V_2^{(n)}}{b}\right).$$

La valeur a_n étant trop faible, il est clair que $X_2^{(n)}$ et $V_2^{(n)}$ sont trop forts. Or, l'équation précédente fournit pour a_{n+1} une valeur d'où l'on conclut l'expression de R qui annulerait la vitesse $V_2^{(n)}$ dans le parcours $X - X_2^{(n)}$, tandis que la résistance qu'il faudrait connaître est celle qui annulerait $V_2 < V_2^{(n)}$ dans un parcours $X - X_2 > X - X_2^{(n)}$. Le sens de ces inégalités montre que la valeur a_{n+1} doit être trop forte.

Inversement, si la valeur primitive a_n était trop forte, la valeur a_{n+1} serait trop faible.

Les valeurs successives obtenues pour a sont donc alternativement erronées par excès ou par défaut, de sorte que deux consécutives comprennent la véritable valeur de a.

Faisant d'abord $a = o$, on a :

$$X_2^{(o)} = \frac{p_1}{p_1 + p_2} \xi = m_1 \xi, \qquad V_2^{(o)} = m_1 V_1.$$

On peut maintenant fixer la méthode de calcul qui conduira le plus rapidement possible au résultat.

On suppose, bien entendu, $m_1 \xi < X$; alors l'équation (1) fournira pour a une valeur a_1 positive et trop forte, d'après ce qui a été dit.

Au moyen de cette valeur a_1 on calculera les valeurs $X_2^{(1)}$ et $V_2^{(1)}$ qui seront toutes deux trop faibles ; et on en déduira par l'équation (1) une valeur a_2 de a également trop faible, mais toutefois supérieure à zéro. Ainsi

$$o < a_2 < a < a_1.$$

Au moyen de la valeur a_2 on calculera $X_2^{(2)}$ et $V_2^{(2)}$; ces quantités seront trop fortes, mais puisque $a_2 > o$, elles seront néanmoins plus petites que $X_2^{(o)}$ et $V_2^{(o)}$. La valeur a_3 que l'on en déduira sera donc trop forte, mais néanmoins inférieure à a_1 ; ainsi

$$o < a_2 < a < a_3 < a_1.$$

On trouverait de même :

$$o < a_2 < a_4 < a < a_3 < a_1 ;$$

$$o < a_2 < a_4 < a < a_5 < a_3 < a_1.$$

Ainsi les quantités a_2, a_4..., toujours trop faibles, vont en croissant, tandis que les quantités a_1, a_3, a_5..., toujours trop fortes, vont en décroissant.

La suite a_2, a_4..., converge donc vers une limite qui ne peut être qu'égale ou inférieure à a ; la suite a_1, a_3, a_5..., converge également vers une limite qui ne peut être qu'égale ou supérieure à a. Il suffirait donc de montrer que ces limites sont égales ou que la différence entre a_n et a_{n+1} peut être rendue inférieure à toute quantité donnée.

Mais cette démonstration n'est pas nécessaire. Si, en effet, on attribue à a, par un nouveau calcul, la valeur $\frac{a_n + a_{n+1}}{2}$, cette moyenne différera de a d'une quantité plus petite que $\frac{a_{n+1} - a_n}{2}$; elle fournira une nouvelle valeur a'_{n+2} qui, si $\frac{a_n + a_{n+1}}{2}$ est supérieure à a, sera elle-même inférieure à a et comprise entre a et a_n ; la différence $\frac{a_n + a_{n+1}}{2} - a'_{n+2}$ sera ainsi inférieure à la moitié de la différence $a_{n+1} - a_n$, et si l'on prend la moyenne entre

On remplacera d'abord, dans l'équation, X_2 et V_2 par

$$X_2^{(0)} = m_1 \xi \quad \text{et} \quad V_2^{(0)} = m_1 V_1,$$

et on obtiendra une valeur trop grande a_1 de a, au moyen de laquelle on déterminera des valeurs $X_2^{(1)}$ et $V_2^{(1)}$ qui fourniront pour a une autre valeur a_2 qui, cette fois, sera trop faible. La moyenne $\frac{a_1 + a_2}{2} = a'_2$ pourra être admise si les deux quantités a_1 et a_2 sont peu différentes, sinon on fera un nouveau calcul en déterminant à l'aide de cette moyenne de nouvelles valeurs approchées $X_2^{(2)}$ et $V_2^{(2)}$ de X_2 et V_2, et en en faisant usage pour calculer a_3. Si a_3 et a'_2 sont très peu différents, on adoptera leur moyenne $\frac{a'_2 + a_3}{2} = a'_3$ comme valeur définitive de a, sinon on se servira de cette moyenne pour une approximation nouvelle, et ainsi de suite. Il est clair que, dans ces conditions, on parviendra rapidement à déterminer a avec toute l'approximation désirable.

Lorsque le terme constant B de la résistance est très faible, on peut le négliger dans le calcul, ce qui permettra de faire ce dernier avec plus de rapidité ; la valeur de a que l'on déterminera de la sorte sera évidemment un peu trop forte, et, par suite, l'étendue du recul un peu moindre que X.

$\frac{a_n + a_{n+1}}{2}$ et a'_{n+2} cette moyenne ne pourra différer de a que d'une quantité inférieure à $\frac{\frac{a_n + a_{n+1}}{2} - a'_{n+2}}{2}$, et, à plus forte raison, inférieure à $\frac{a_{n+1} - a_n}{4}$. En prenant ainsi toujours des moyennes entre la dernière valeur obtenue et la précédente, on arrivera nécessairement à trouver une valeur différant de a d'aussi peu qu'on le voudra.

§ 9. — Cas où la résistance du frein est constante.

Le problème de la détermination des freins est de beaucoup plus simple quand on suppose la résistance R constante pendant tout le mouvement. Ce cas particulier présente d'ailleurs une grande importance, car non seulement il se trouve réalisé dans les freins à frottement, mais on cherche encore, dans les freins hydrauliques, à rendre la résistance constante en faisant varier convenablement pendant le recul les dimensions des orifices d'écoulement. Quand cette constance est réalisée, la pression dans les cylindres est sensiblement invariable pendant la durée du mouvement.

L'équation du mouvement est alors

$$\frac{p_1 + p_2}{g} \frac{dv_2}{dt} = \Pi \cos(\alpha + i) - R,$$

et l'intégration est ramenée aux quadratures.

On en tire en effet

$$\frac{p_1 + p_2}{g} v_2 = \cos(\alpha + i) \int_0^t \Pi \, dt - Rt$$

$$\frac{p_1 + p_2}{g} x_1 = \cos(\alpha + i) \int_0^t dt \int_0^t \Pi \, dt - R \frac{t^2}{2}.$$

Or on sait que v_1 et x_1 désignant la vitesse et l'espace parcouru dans le recul libre du canon isolé,

$$\int_0^t \Pi \, dt = \frac{p_1}{g} v_1, \qquad \int_0^t dt \int_0^t \Pi \, dt = \frac{p_1}{g} x_1.$$

Donc

$$v_2 = \frac{p_1 \cos(\alpha + i)}{p_1 + p_2} v_1 - \frac{Rgt}{p_1 + p_2}$$

$$x_2 = \frac{p_1 \cos(\alpha + i)}{p_1 + p_2} x_1 - \frac{Rgt^2}{2(p_1 + p_2)}.$$

Les quantités v_1 et x_1 étant connues en fonction de t par l'expérience de recul libre, les quantités inconnues v_2 et x_2 se trouvent exprimées en fonction du temps, et la loi du mouvement est entièrement obtenue.

Conservant les notations des paragraphes précédents, et désignant, par conséquent, dans le recul libre du canon, par V_1 la vitesse maximum de recul, par τ le temps auquel la vitesse cesse de croître, et par ξ l'espace parcouru à cet instant, on a, pour toutes les valeurs de t supérieures à τ,

$$v_1 = V_1, \qquad x_1 = \xi + V_1(t - \tau),$$

et, par suite,

$$v_2 = \frac{p_1 \cos(\alpha + i)}{p_1 + p_2} V_1 - \frac{Rgt}{p_1 + p_2},$$

$$x_2 = \frac{p_1 \cos(\alpha + i)}{p_1 + p_2} [\xi + V_1(t - \tau)] - \frac{Rgt^2}{2(p_1 + p_2)},$$

de sorte qu'à partir de l'instant τ le mouvement est uniformément retardé.

Il faut donc considérer dans le recul deux parties bien distinctes. Entre les instants zéro et τ, la pression de la poudre agit en même temps que la résistance du frein ; mais, par suite de la constance de cette dernière, les effets des deux forces sont indépendants l'un de l'autre, et, pour obtenir la vitesse du recul à un moment donné, il suffit d'ajouter algébriquement les vitesses que les deux forces communiqueraient séparément au système ; il en est de même pour les espaces parcourus. La vitesse croît d'abord tant que la composante, parallèle au châssis de la pression totale de la poudre, est supérieure à la résistance du frein. Lorsque l'égalité s'établit, la vitesse passe par un maximum, puis elle se montre décroissante.

Il faut toutefois faire une observation pour les premiers instants. Bien que la résistance soit constante, cette force n'agit pour modifier le mouvement qu'à partir du moment où le système commence à se déplacer, et ce déplacement ne commence qu'à l'instant où le produit $\Pi \cos(\alpha + i)$, qui est nul à l'origine, atteint la valeur R. Jusque-là le système demeure en repos ; par conséquent la résistance R devrait, en toute rigueur, être regardée comme variable dans les premiers instants et égale à $\Pi \cos(\alpha + i)$. Il en résulte qu'en appliquant les formules précédentes, on augmente en réalité la valeur de R, et par suite, on attribue à v_2 et x_2 des valeurs un peu trop faibles.

Toutefois l'erreur commise n'a qu'une bien faible importance, étant donné la rapidité avec laquelle la pression de la poudre se développe dans les premiers instants.

On pourrait d'ailleurs faire disparaître cette erreur. Soient, en effet, θ le temps après lequel le produit $\Pi \cos(\alpha + i)$ atteint la valeur R, U_1 la vitesse qui serait acquise à cet instant dans le recul libre et X_1 l'espace parcouru correspondant, l'équation du mouvement du système serait toujours

$$\frac{p_1 + p_2}{g} \frac{dv_2}{dt} = \Pi \cos(\alpha + i) - R.$$

Mais, dans l'intégration, les constantes doivent être déterminées de manière que la vitesse et l'espace parcouru s'annulent pour $t = \theta$ et non pour $t = o$. On trouve ainsi

$$\frac{p_1 + p_2}{g} v_2 = \cos(\alpha + i) \int_\theta^t \Pi \, dt - R(t - \theta),$$

ou

$$\frac{p_1 + p_2}{g} v_2 = \cos(\alpha + i) \left[\int_o^t \Pi \, dt - \int_o^\theta \Pi \, dt \right] - R(t - \theta);$$

or

$$\int_o^t \Pi \, dt = \frac{p_1}{g} v_1$$

$$\int_o^\theta \Pi \, dt = \frac{p_1}{g} U_1,$$

donc

$$v_2 = \frac{p_1 \cos(\alpha + i)}{p_1 + p_2}(v_1 - U_1) - \frac{R}{p_1 + p_2}(t - \theta).$$

En intégrant de nouveau on trouve

$$x_2 = \frac{p_1 \cos(\alpha + i)}{p_1 + p_2}\int_\theta^t v_1\, dt$$

$$-\left(\frac{p_1 \cos(\alpha + i) U_1}{p_1 + p_2} - \frac{Rg\theta}{p_1 + p_2}\right)(t - \theta) - \frac{Rg}{2(p_1 + p_2)}(t^2 - \theta^2).$$

D'ailleurs

$$\int_\theta^t v_1\, dt = \int_0^t v_1\, dt - \int_0^\theta v_1\, dt = x_1 - X_1,$$

et l'on a

$$x_2 = \frac{p_1 \cos(\alpha + i)}{p_1 + p_2}\left[x_1 - X_1 - U_1 (t - \theta)\right]$$

$$- \frac{Rg}{2(p_1 + p_2)}(t - \theta)^2.$$

Ces formules permettraient d'apprécier l'erreur commise en regardant R comme constant pendant tout le mouvement.

Mais cette erreur est, dans les conditions ordinaires, extrêmement faible, et on la négligera dans ce qui va suivre.

§ 10. — Application à la détermination des freins.

Au moyen de ce qui précède, rien n'est plus simple que de déterminer la résistance constante que doit développer un frein pour que le recul n'excède pas une longueur donnée X. Il est clair que le recul atteindra son maximum quand la direction du tir sera parallèle au châssis, c'est-à-dire quand $\alpha + i = o$. Joignant cette équation à celles du paragraphe précédent, elles deviennent

$$v_2 = \frac{p_1}{p_1 + p_2} V_1 - \frac{Rgt}{p_1 + p_2},$$

$$x_2 = \frac{p_1}{p_1 + p_2}\left[\xi + V_1(t - \tau)\right] - \frac{Rgt^2}{2(p_1 + p_2)}.$$

Soit T la durée totale du recul. Si l'on fait $t = T$, on doit avoir $v_2 = o$ et $x_2 = X$; ainsi

$$R = \frac{p_1 V_1}{gT},$$

$$X = \frac{p_1}{p_1 + p_2}\left[\xi + V_1(T - \tau)\right] \frac{RgT^2}{2 p_1 + p_2}.$$

On a ainsi deux équations à deux inconnues qui serviront à déterminer R et T. L'élimination de R donne

$$X = \frac{p_1}{p_1 + p_2}\left[\xi + V_1(T - \tau)\right] - \frac{p_1 V_1 T}{2(p_1 + p_2)},$$

d'où l'on tire la valeur de T

$$T = 2\tau + 2\,\frac{(p_1 + p_2)X - p_1 \xi}{p_1 V_1},$$

et l'on trouve enfin

$$R = \frac{1}{2g}\;\frac{p_1^2 V_1^2}{p_1 V_1 \tau + (p_1 + p_2)X - p_1 \xi}.$$

La valeur de R s'obtient donc avec une extrême facilité ; l'expression précédente convient tant que T est supérieur à τ ; si T devenait égal à τ, on aurait :

$$X = \frac{p_1}{p_1 + p_2}\xi - \frac{p_1}{2(p_1 + p_2)}V_1\tau$$

$$= \frac{p_1}{p_1 + p_2}\left(\xi - \frac{V_1\tau}{2}\right).$$

Cette valeur de X représente le plus petit recul possible, si l'on veut que le mouvement ne se termine pas avant que la poudre ait cessé de pousser le canon.

La valeur de la résistance constante devient alors

$$R = \frac{p_1 V_1}{g\tau}.$$

Revenant à l'expression générale de R, il est intéressant de la comparer à la résistance constante qu'il serait nécessaire de développer si l'effet de la poudre était instantané. Il est clair que cette dernière s'obtient en faisant $\tau = o$ et $\xi = o$ dans l'expression générale de R; on obtient ainsi

$$R_1 = \frac{1}{2g}\frac{p_1^2 V_1^2}{(p_1 + p_2)X},$$

expression à laquelle il serait du reste facile de parvenir directement.

La valeur de R est toujours inférieure à R_1 car

$$R_1 = R\frac{p_1 V_1 \tau + (p_1 + p_2)X - p_1\xi}{(p_1 + p_2)X},$$

ou

$$R_1 = R\left[1 + \frac{p_1}{(p_1 + p_2)X}(V_1\tau - \xi)\right].$$

Le second terme de la quantité entre parenthèses est positif, car $V_1\tau$ est l'espace parcouru pendant le temps τ avec une vitesse V_1 tandis que ξ est l'espace parcouru pendant le même temps τ avec une autre vitesse qui varie de zéro à V_1 ; il est clair du reste que ce terme est inversement proportionnel à X ; par conséquent, l'erreur commise en regardant l'effet de la poudre comme instantané, est d'autant plus importante que le recul est plus faible.

La valeur de R étant déterminée par ce qui précède, on peut chercher à étudier le mouvement qui se produit quand le tir n'est pas dirigé parallèlement à l'axe du châssis. La durée du recul T' s'obtient alors en faisant $v_2 = o$ dans la formule du paragraphe 9. On trouve ainsi

$$T' = \frac{p_1 \cos(\alpha + i) V_1}{Rg},$$

ou, remplaçant R par sa valeur

$$T' = 2 \cos(\alpha + i) \frac{p_1 V_1 \tau + (p_1 + p_2) X - p_1 \xi}{p_1 V_1},$$

la durée du recul est ainsi proportionnelle au cosinus de l'angle que forme la direction du tir avec celle du châssis ; en substituant dans x_2 on trouve la longueur totale du recul X'

$$X' = \cos^2(\alpha + i) X$$

$$- \frac{p_1 \cos(\alpha + i)}{p_1 + p_2} (V_1 \tau - \xi) \times [1 - \cos(\alpha + i)].$$

La valeur de X' se réduit à X quand $\alpha + i = o$; dans tout autre cas, elle est inférieure à X, car le premier terme du second membre est inférieur à X et le second terme est toujours négatif, puisque $V_1 \tau > \xi$. On peut regarder dans l'équation précédente $\alpha + i$ comme un angle polaire et X' comme un rayon vecteur ; alors cette équation représente, en coordonnées polaires, une courbe dont le rayon vecteur égal à X pour $\alpha + i = o$, diminue quand cet angle augmente et s'annule quand il devient égal à 90°.

Toutefois, il est facile de voir que les variations de X'

sont d'abord très lentes, de sorte que, sous les faibles inclinaisons, la longueur du recul n'est pas beaucoup modifiée.

Dans tous les affûts qui ont été construits jusqu'à présent, la longueur du recul est assez grande pour que sa durée totale soit supérieure à τ ; mais si l'on ne craint pas de développer des résistances trop considérables, rien n'empêche de le limiter davantage.

Les formules précédentes ne sont plus alors applicables, et il faut, pour déterminer la résistance R, avoir recours aux premières formules du paragraphe 9 :

$$v_2 = \frac{p_1 \cos(\alpha + i)}{p_1 + p_2} v_1 - \frac{Rgt}{p_1 + p_2},$$

$$x_2 = \frac{p_1 \cos(\alpha + i)}{p_1 + p_2} x_1 - \frac{Rgt^2}{2(p_1 + p_2)}.$$

T désignant comme précédemment la durée totale du recul, on a, en supposant la direction du tir parallèle au châssis

$$T = \frac{p_1 v_1}{Rg}$$

$$R = \frac{p_1 v_1}{gT}$$

$$X = \frac{p_1}{p_1 + p_2}\left(x_1 - \frac{v_1 T}{2}\right).$$

Les deux dernières équations donnent la solution du problème.

Si l'on se donnait la durée totale du recul T, on aurait immédiatement R. Pour obtenir la longueur X, on substituerait, dans la dernière équation, à la place de v_1 et x_1, la vitesse et l'espace parcouru qui, dans le recul libre, correspondraient au temps T.

Mais, généralement, on se donnera la longueur du recul X. Il faudra alors résoudre cette dernière équation par tâtonnements ou par approximations successives.

Résolvant à cet effet l'équation par rapport à T, on aura

$$T = \frac{2\,p_1\,x_1 - 2\,(p_1 + p_2)\,X}{p_1\,v_1};$$

remplaçant d'abord x_1 par ξ et v_1 par V_1, on obtiendra pour T une valeur trop faible T′; on substituera ensuite à x_1 et v_1 la valeur de l'espace parcouru et celle de la vitesse qui, dans le recul libre, correspondent au temps T′, et l'on trouvera pour T une valeur trop forte T″, et ainsi de suite, de sorte qu'on finira par obtenir T avec toute l'approximation désirable. On calculera ensuite R sans difficulté.

§ 11. — Méthode générale d'approximation.

Dans les deux cas qui viennent d'être étudiés, savoir : celui où la résistance est constante et celui où elle varie proportionnellement à la vitesse, le problème a pu être résolu avec une entière rigueur ; mais ces cas particuliers sont les seuls où il en soit ainsi ; quand on regarde la résistance comme une fonction quelconque, mais déterminée, de la vitesse et de l'espace parcouru, l'intégration est impossible et le mouvement ne peut être étudié qu'au moyen d'approximations longues et pénibles.

Toutefois, il est nécessaire d'envisager la question avec sa généralité, car, dans la plupart des affûts en usage, la résistance du frein est bien loin d'être constante ; de plus, les dimensions des orifices d'écoulement variant avec l'espace parcouru, suivant une loi plus ou moins complexe, la résistance ne saurait être regardée comme dépendant seulement de la vitesse.

Pour effectuer le calcul approximatif, la méthode la plus simple consiste à décomposer la durée totale du mouvement en intervalles suffisamment petits pour que, dans chacun d'eux, la résistance puisse être regardée comme constante.

Attribuant d'abord à cette résistance la valeur qui correspond à $v_2 = o$, on calculera la vitesse et l'espace parcouru à la fin du premier intervalle, et en les introduisant dans l'expression de la résistance, on obtiendra la valeur de cette dernière à la fin de ce premier intervalle ou au commencement du deuxième.

On pourrait se servir de cette valeur pour l'étude du mouvement de recul pendant le deuxième intervalle et continuer ainsi de la même manière ; mais il faudrait, pour atteindre une exactitude suffisante, prendre des intervalles extrêmement petits, et il sera plus avantageux de faire une deuxième approximation sur le premier intervalle en attribuant à la résistance une valeur moyenne entre celle qui correspond à $v_2 = o$ et celle qu'on trouve en donnant à v_2 et x_2 les valeurs finales obtenues par le premier calcul.

On connaîtra ainsi très approximativement la vitesse et l'espace parcouru à la fin du premier intervalle, d'où une valeur de la résistance qui servira pour l'étude de l'intervalle suivant sur lequel on opérera d'ailleurs comme pour le premier, et ainsi de suite.

Dans les premiers instants, la vitesse varie avec une grande rapidité, par conséquent il est nécessaire de prendre les premiers intervalles très petits et égaux, à 1 ou 2 millièmes de seconde ; mais on peut sans inconvénient augmenter notablement la durée des intervalles suivants.

Soient t' le commencement et t'' la fin de l'un des intervalles, v'_2 et x'_2 la vitesse et l'espace parcouru à la fin de l'intervalle précédent, que l'on suppose avoir été déterminés avec une exactitude suffisante par les calculs antérieurs ; l'expression de la résistance étant

$$R = f(x_2, v_2),$$

en y mettant x_2' à la place de x_2 et v_2' à la place de v_2, on trouve la valeur R′ de R qui correspond au temps t'.

Regardant alors la résistance comme constante et égale à R′ pendant le temps $t'' - t'$, on peut intégrer l'équation du mouvement

$$\frac{p_1 + p_2}{g} \frac{dv_2}{dt} = \Pi - R',$$

ce qui donne

$$\frac{p_1 + p_2}{g} (v_2 - v_2') = \int_{t'}^{t} \Pi \, dt - R'(t - t');$$

or

$$\int_{t'}^{t} \Pi \, dt = \int_{0}^{t} \Pi \, dt - \int_{0}^{t'} \Pi \, dt = \frac{p_1}{g} (v_1 - v_1')$$

v_1' désignant la vitesse qui, dans le recul libre, correspond à l'instant t'. Ainsi

$$\frac{p_1 + p_2}{g} v_2 = \frac{p_1 + p_2}{g} v_2' + \frac{p_1}{g} (v_1 - v_1') - R'(t - t')$$

$$v_2 = v_2' + \frac{p_1}{p_1 + p_2} (v_1 - v_1') - \frac{R'g}{p_1 + p_2} (t - t').$$

Une deuxième intégration donne

$$x_2 - x_2' = v_2'(t - t') - \frac{p_1 v_1'}{p_1 + p_2} (t - t') + \frac{p_1}{p_1 + p_2} \int_{t'}^{t} v_1 \, dt$$
$$- \frac{R'g}{2(p_1 + p_2)} (t - t')^2,$$

or

$$\int_{t'}^{t} v_1 \, dt = \int_{0}^{t} v_1 \, dt - \int_{0}^{t'} v_1 \, dt = x_1 - x_1'$$

x_1' désignant l'espace parcouru dans le recul libre à l'instant t', on a donc

$$x_2 = x'_2 + \left(v'_2 - \frac{p_1}{p_1+p_2} v'_1\right)(t-t') + \frac{p_1}{p_1+p_2}(x_1 - x'_1)$$

$$- \frac{R'g}{2(p_1+p_2)}(t-t')^2.$$

Soit v''_2 et x''_2 la vitesse et l'espace parcouru à l'instant t'', on obtiendra donc approximativement ces quantités en faisant $t = t''$ dans les expressions de v_2 et x_2 données ci-dessus, ce qui donne

$$v''_2 = v'_2 + \frac{p_1}{p_1+p_2}(v''_1 - v'_1) - \frac{R'g}{p_1+p_2}(t''-t').$$

$$x''_2 = x'_2 + \left(v'_2 - \frac{p_1}{p_1+p_2} v'_1\right)(t''-t') + \frac{p_1}{p_1+p_2}(x''_1 - x'_1)$$

$$- \frac{R'g}{2(p_1+p_2)}(t''-t')^2;$$

v''_1 et x''_1 désignant, dans le recul libre, la vitesse et l'espace parcouru à l'instant t''.

Les valeurs de v''_2 et x''_2 sont erronées, car la résistance n'a pas, pendant tout le mouvement, conservé la valeur R' qu'elle possédait à l'instant initial. Mais si l'on substitue, dans l'expression générale de R_1, ces valeurs approximatives de v''_2 et de x''_2, on obtiendra une valeur approchée de la résistance à la fin de l'intervalle. Soit R'' la valeur de cette résistance. Si dans l'intervalle de t' à t'' la résistance R est constamment croissante ou constamment décroissante, il est naturel de prendre comme valeur constante de la résistance pendant l'intervalle la moyenne $\frac{R'+R''}{2}$ et de s'en servir pour un nouveau calcul des quantités v''_2 et x''_2. Ce nouveau calcul s'effectuera d'ailleurs avec une extrême rapidité, car dans les formules précédentes, le terme R' est seul modifié ; il fournira de nouvelles valeurs de v''_2 et x''_2 plus approchées que les premières, mais qui d'habitude n'en différeront pas beaucoup. Si toutefois la différence paraissait trop considérable, rien n'empêcherait de faire un nouveau calcul après lequel on passerait à l'intervalle suivant; l'étude de ce nouveau mouvement conduirait à des formules analogues, et l'on peut continuer jusqu'au moment où la dernière vitesse obtenue v_2 est égale ou inférieure à zéro. Quelques tâtonnements sur lesquels il est inutile d'insister, fournissent alors aisément la durée totale et la longueur du recul.

La méthode d'approximations successives qui vient d'être développée est généralement en défaut pour l'un des intervalles; en effet, dans la plupart des freins existants, la résistance, très faible au début du mouvement, se montre d'abord croissante, passe par un maximum, et décroît ensuite jusqu'à la fin du recul. Or, si l'intervalle considéré est celui dans lequel la résistance éprouve son maximum, il n'y a plus aucune raison d'adopter pour valeur constante de la résistance pendant l'intervalle la moyenne arithmétique des valeurs que cette force possède au commencement et à la fin. Mais il est à remarquer que, dans le voisinage du maximum, les variations de la résistance sont forcément très lentes, de sorte que l'on pourra se dispenser d'un nouveau calcul, du moins si l'intervalle considéré n'a qu'une faible grandeur. Il serait d'ailleurs possible d'arriver à plus d'exactitude en assimilant, dans le voisinage de son maximum, la courbe qui représente la résistance en fonction du temps, à une parabole à axe vertical; mais on ne développera pas ici ce procédé qui est un peu compliqué. Dans la pratique, on obtient une approximation suffisante en adoptant pour valeur de x_2 et v_2, à la fin de l'intervalle qui comprend le maximum, celles qui sont fournies par le premier calcul. Si la résistance éprouvait pendant la durée du mouvement un certain nombre de maximum et de minimum, les mêmes considérations seraient encore applicables à chacun des intervalles comprenant soit un maximum, soit un minimum.

Les formules d'approximation se simplifient notablement à partir du moment où la poudre cesse d'agir sur le canon. La valeur de v_1 devient alors constante ; ainsi

$$v_1'' = v_1' = v_1.$$

De plus on a

$$x_1' = \xi + V_1 (t' - \tau)$$

$$x_1'' = \xi + V_1 (t'' - \tau),$$

et par suite

$$x_1'' - x_1' = V_1 (t'' - t').$$

Introduisant ces modifications dans les formules obtenues ci-dessus, elles deviennent

$$v_2'' = v_2' - \frac{R'g}{p_1 + p_2} (t'' - t')$$

$$x_2'' = x_2' + v_2' (t'' - t') - \frac{R'g}{2 (p_1 + p_2)} (t'' - t')^2,$$

expressions qu'il serait facile d'obtenir directement.

§ 12. — Étude des derniers instants du mouvement lorsque la résistance est uniquement fonction de la vitesse.

Lorsque la résistance est indépendante du parcours x_2 et que, par suite, elle ne varie qu'avec la vitesse, l'équation du mouvement est toujours intégrable à partir du moment où la poudre cesse d'agir sur le canon, c'est-à-dire à partir de l'instant τ. Soit, à cet effet, V_2 la vitesse et X_2 l'espace parcouru à l'instant τ, $f(v_2)$ la résistance du frein, l'équation du mouvement est

$$\frac{p_1 + p_2}{g} \frac{dv_2}{dt} = -f(v_2),$$

ou, en séparant les variables

$$\frac{dv_2}{f(v_2)} = -\frac{g}{p_1 + p_2}\,dt,$$

et intégrant entre les limites τ et t,

$$\frac{g}{p_1 + p_2}(t - \tau) = -\int_{V_2}^{v_2} \frac{dv_2}{f(v_2)} = \int_{v_2}^{V_2} \frac{dv_2}{f(v_2)}.$$

L'expression de la vitesse en fonction du temps est donc donnée par une quadrature. Mais comme $dt = \frac{dx_2}{v_2}$, l'équation du mouvement peut s'écrire

$$\frac{p_1 + p_2}{g}\,\frac{v_2\,dv_2}{dx_2} = -f(v_2),$$

ou, en séparant les variables

$$\frac{v_2\,dv_2}{f(v_2)} = -\frac{g}{p_1 + p_2}\,dx_2,$$

et, en intégrant entre τ et t

$$\frac{g}{p_1 + p_2}(x_2 - X_2) = \int_{v_2}^{V_2} \frac{v_2\,dv_2}{f(v_2)}.$$

L'expression de la vitesse en fonction de l'espace parcouru est donc donnée par une autre quadrature.

Soit, en particulier

$$R = A\,v_2^n,$$

et posant

$$\frac{gA}{p_1 + p_2} = a_1,$$

l'équation du mouvement devient

$$\frac{dv_2}{dt} = -av_2^n,$$

$$\frac{dv_2}{v_2^n} = -a\,dt,$$

et en intégrant

$$(n-1)\left(\frac{1}{v_2^{n-1}} - \frac{1}{V_2^{n-1}}\right) = a\,(t-\tau);$$

on a aussi

$$\frac{v_2\,dv_2}{dx_2} = -av_2^n,$$

$$\frac{dv_2}{v_2^{n-1}} = -a\,dx_2,$$

$$(n-2)\left(\frac{1}{v_2^{n-2}} - \frac{1}{V_2^{n-2}}\right) = a\,(x_2 - X_2).$$

Le recul est terminé quand v_2 s'annule. Il est facile de voir que si n est supérieur à 2, les valeurs de t et de x_2 deviennent infinies pour $v_2 = o$. Ainsi la durée du recul et sa longueur sont également infinies.

Si n est compris entre 1 et 2, on trouve encore t infini pour $v_2 = o$, mais la valeur de x_2 est finie ; en effet, en appelant X la longueur totale du recul

$$X = x_2 + \frac{2-n}{a} V_2^{2-n}.$$

Enfin, si n est inférieur à l'unité, la durée du recul et sa longueur sont également finis ; la longueur X étant toujours représentée par la formule précédente, la durée T du recul est

$$T = \tau + \frac{1-n}{a} V_2^{1-n}.$$

Il existe deux cas particuliers pour lesquels les formules précédentes sont en défaut ; c'est quand on fait $n = 1$ ou $n = 2$.

Quand on fait $n = 1$, l'équation du mouvement est

$$\frac{dv_2}{dt} = -a v_2,$$

d'où

$$\log \frac{V_2}{v_2} = a (t - \tau).$$

La valeur de t devient infinie pour $v_2 = o$; ainsi, la durée du recul est infinie, mais sa longueur est finie.

Quand on fait $n = 2$, on trouve

$$\frac{v_2 \, dv_2}{dx_2} = - a v_2^2 ;$$

d'où

$$\log \frac{V_2}{v_2} = a (x_2 - X_2) ;$$

si l'on fait $v_2 = o$, la valeur de x_2 est infinie ; la longueur totale du recul est donc infinie, et il en est de même de sa durée.

En résumé, si la résistance du frein est simplement proportionnelle à la puissance n de la vitesse, la durée du recul et sa longueur totale sont également infinies quand n est supérieur ou égal à 2.

Lorsque n est égal à 1 ou compris entre 1 et 2, la longueur du recul est finie, mais sa durée est infinie. Enfin, quand n est inférieur à 1, la longueur du recul et sa durée sont toutes deux finies.

Il est bien clair que les valeurs infinies que l'on rencontre dans la durée du recul ou dans sa longueur totale tiennent simplement à ce qu'il n'a pas été introduit de terme constant dans l'expression de la résistance. Dans la pratique, ce terme constant existe toujours, car il est impossible d'annuler les frottements, et alors la durée du recul ni sa longueur ne peuvent devenir infinies.

Si, par exemple, la résistance était représentée par $B + Av_2^2$, on aurait, en posant

$$\frac{gA}{p_1 + p_2} = a, \quad \frac{gB}{p_1 + p_2} = b,$$

$$\frac{dv_2}{dt} = - av_2^2 - b$$

$$\frac{dv_2}{av_2^2 + b} = - dt.$$

L'intégrale indéfinie du premier membre est

$$\frac{1}{\sqrt{ab}} \text{ arc tang } \sqrt{\frac{a}{b}}\, v_2,$$

par conséquent, on a

$$\frac{1}{\sqrt{ab}} \left[\text{arc tang } \sqrt{\frac{a}{b}}\, V_2 - \text{arc tang } \sqrt{\frac{a}{b}}\, v_2 \right] = t - \tau,$$

formule dans laquelle les arcs doivent être regardés comme compris entre zéro et $\frac{\pi}{2}$.

En faisant $v_2 = o$, on trouve la durée totale du recul T,

$$T = \tau + \frac{1}{\sqrt{ab}} \text{ arc tang } \sqrt{\frac{a}{b}}\, V_2.$$

On a aussi

$$\frac{v_2\, dv_2}{av_2^2 + b} = - dx;$$

l'intégrale indéfinie du premier membre est

$$\frac{1}{2a}\log\left(\frac{b}{a}+v_2^2\right),$$

la caractéristique *log* désignant un logarithme népérien ; par suite

$$\frac{1}{2a}\log\frac{\frac{b}{a}+V_2^2}{\frac{b}{a}+v_2^2}=x_2-X_2,$$

ou

$$\frac{1}{2a}\log\frac{b+aV_2^2}{b+av_2^2}=x_2-X_2;$$

et en faisant $v_2=o$, on trouve

$$X=X_2+\frac{1}{2a}\log\left(1+\frac{a}{b}V_2^2\right).$$

Si la résistance était représentée par $B+Av_2$, on aurait, en posant

$$b=\frac{gB}{p_1+p_2}$$

$$a=\frac{gA}{p_1+p_2}$$

$$\frac{dv_2}{dt}=-av_2-b;$$

d'où

$$\frac{1}{a}\log\frac{b+aV_2}{b+av_2}=t-\tau,$$

et la durée du recul serait

$$T = \tau + \frac{1}{a} \log\left(1 + \frac{aV_2}{b}\right).$$

D'autre part

$$\frac{v_2\,dv_2}{dx_2} = -av_2 - b,$$

ou

$$\frac{v_2\,dv_2}{b + av_2} = dx_2.$$

L'intégrale indéfinie du premier membre est

$$\frac{1}{a^2}(b + av_2) - \frac{b}{a^2}\log(b + av_2),$$

par suite

$$\frac{1}{a}(V_2 - v_2) - \frac{b}{a^2}\log\frac{b + aV_2}{b + av_2} = x_2 - X_2.$$

et la longueur du recul X est

$$X = X_2 + \frac{V_2}{a} - \frac{b}{a^2}\log\left(1 + \frac{a}{b}V_2\right).$$

Si la résistance était représentée par $B + Av_2^n$, les quantités $\int \frac{dv_2}{f(v_2)}$ ou $\int \frac{v_2\,dv_2}{f(v_2)}$ ne pourraient pas, en général, être exprimées au moyen des fonctions simples dont on fait usage dans l'analyse, et il faudrait recourir aux procédés de quadrature approximative.

§ 13. — Cas où la loi du recul libre est inconnue.

Toutes les méthodes qui précèdent pour calculer le mouvement de recul qui résulte d'une loi donnée de la résistance, ou pour déterminer le frein auquel correspond une longueur de recul donnée, supposent qu'il a été fait avec la bouche à feu, et dans les conditions réglementaires de chargement, une expérience de recul libre. Mais il peut arriver qu'on se trouve en présence d'un canon qui n'ait pas été soumis à des expériences de ce genre, et alors, ces méthodes sont en défaut.

Les constructeurs se bornent alors généralement à faire leurs calculs en supposant l'effet de la poudre instantané. Si le système du canon et de l'affût était entièrement libre, il finirait par atteindre, sous l'action de la poudre, une certaine vitesse qu'il conserverait ensuite indéfiniment. C'est cette vitesse que les constructeurs supposent communiquée instantanément au système, et ils cherchent à déterminer le frein de manière à amortir la force vive correspondante, lorsque la pièce a reculé d'une quantité donnée.

Cette manière de procéder présente des inconvénients qui ont été signalés au début de ce travail (§ 2); elle conduit, comme on sait, à une valeur exagérée de la résistance que doit développer le frein.

Du reste, pour en faire usage, il est indispensable de connaître la valeur de cette limite de vitesse que la poudre communiquerait au système supposé libre, et jusqu'ici les formules qui ont été données pour la calculer sont, pour la plupart, erronées.

Les géomètres qui, les premiers, se sont occupés de la question, considéraient la masse de la charge comme négligeable, à côté de celle du projectile; et, appliquant le principe de la conservation du mouvement du centre de gravité, ils égalaient la quantité de mouvement du système formé par le canon et l'affût, à la quantité de mouvement du projectile correspondant à sa vitesse initiale. Dans cette hypothèse, p désignant le poids du boulet et V sa vitesse initiale, V_2 désignant d'ailleurs la vitesse de recul, on aurait

$$(p_1 + p_2) V_2 = pV.$$

Il est bien connu que la valeur de V_2 obtenue de cette manière est de beaucoup trop faible, ce qui tient à ce que l'on néglige la quantité de mouvement de la charge.

L'évaluation de cette dernière présente d'ailleurs de grandes difficultés. Toutefois, le général Piobert a essayé d'y parvenir au moyen d'une hypothèse, qu'il a dissimulée sous le nom d'approximation. Elle consiste à regarder la moyenne arithmétique des vitesses de toutes les particules de la charge comme étant égale à la moitié de la vitesse du boulet. C'est ce qui aurait lieu en particulier si la densité de la matière étant toujours uniforme, et les vitesses de toutes les particules étant dirigées dans le même sens, les vitesses des différentes tranches étaient proportionnelles à leur distance au fond de l'âme.

Représentant par ϖ le poids de la charge, le général Piobert a proposé, comme conséquence de son hypothèse, la formule suivante

$$(p_1 + p_2) V_2 = \left(p + \frac{\varpi}{2}\right) V.$$

Il faudrait encore, pour qu'elle fût admissible, que l'action de la poudre sur le canon devînt négligeable aussitôt que le projectile a quitté la bouche à feu. Mais il n'en est pas ainsi, et la formule de Piobert donne encore une valeur de V_2 notablement inférieure à la réalité.

Dès 1878, M. le colonel Sébert étudiant, au moyen du vélocimètre, le mouvement de recul des canons, constatait que la vitesse de recul subissait encore une augmentation notable après que le projectile avait quitté la bouche (Comptes rendus de l'Académie des sciences;

séance du 22 juillet 1878), et les nombreuses expériences ultérieures exécutées au champ de tir de Sevran-Livry, au moyen du vélocimètre, ont mis le fait nettement en évidence et ont fourni sur la valeur du maximum de vitesse de recul des renseignements assez complets pour qu'on puisse en faire usage dans la pratique.

Mais, avant de les résumer, il est utile de rechercher si l'application des théorèmes de la mécanique ne fournirait pas *à priori* quelques indications.

Soient $d\varpi$ le poids d'une particule de la charge, et u sa vitesse à un instant quelconque t, regardée comme positive si elle est dirigée dans le même sens que celle du boulet, le principe de la conservation du mouvement du centre de gravité conduit à l'équation suivante

$$(p_1 + p_2)\, v_2 = pv + \int u\, d\varpi,$$

v étant la vitesse du boulet à l'instant t.

Si l'on fait abstraction des mouvements irréguliers de la charge, tourbillons ou remous, qui d'ailleurs ne doivent avoir qu'une influence tout à fait secondaire sur la loi du développement des vitesses de recul, on peut regarder les vitesses des diverses tranches comme variant d'une manière continue de l'arrière à l'avant, celles de l'arrière étant animées de la vitesse v_2 vers l'arrière, et celles de l'avant de la vitesse v vers l'avant. Du reste, la vitesse v_2 est très faible par rapport à v, de sorte qu'il n'y a aucun inconvénient à regarder la vitesse de la tranche arrière comme nulle. On est ainsi conduit à regarder la vitesse des diverses tranches de la charge comme variant d'une manière continue de zéro à v, quand on se déplace de l'arrière à l'avant, et il est permis de poser

$$\int u\, d\varpi = \theta v \int d\varpi = \varpi \theta v\,;$$

θ désignant un nombre compris entre zéro et l'unité, mais qui peut varier à chaque instant, de sorte qu'on peut le regarder soit comme fonction de t, soit comme fonction de l'espace x parcouru par le boulet.

Cela posé, l'équation ci-dessus devient

$$(p_1 + p_2) v_2 = (p + \theta \varpi) v.$$

La détermination directe de la fonction θ ne pourrait se faire qu'en enregistrant simultanément le mouvement du canon et celui du boulet. Toutefois, on peut obtenir quelques données sur sa nature en faisant usage des considérations suivantes.

Multipliant les deux membres de l'équation précédente par dt et intégrant entre les limites zéro et t, il vient

$$(p_1 + p_2) x_2 = px + \varpi \int_0^x \theta \, dx.$$

La quantité θ étant comprise entre zéro et 1, on peut, en désignant par Θ une autre fonction de x dont la valeur est aussi comprise entre zéro et 1, poser

$$\int_0^x \theta \, dx = \Theta \int_0^x dx = \Theta x,$$

et on a, par suite

$$(p_1 + p_2) x_2 = (p + \Theta \varpi) x.$$

Les deux fonctions θ et Θ sont liées entre elles par une relation qui peut se mettre sous la forme

$$\theta = \Theta + x \frac{d\Theta}{dx}.$$

Cette relation montre que si $\frac{d\Theta}{dx}$ est nul, les deux fonctions θ et Θ sont égales et par suite constantes ; réciproquement, si $\theta = \Theta$, il faut que $\frac{d\Theta}{dx}$ soit nul, par conséquent les deux fonctions sont constantes.

Ainsi, si les deux fonctions θ et Θ sont égales pour toutes les valeurs de x, ces deux fonctions sont constantes.

Soient L la longueur parcourue par le projectile dans le canon, ξ_2 le recul à l'instant de la sortie du projectile, W_2 la vitesse de recul au même instant, θ_1 et Θ_1 les valeurs correspondantes de θ et de Θ, les formules précédentes donnent

$$(p_1 + p_2) W_2 = (p + \theta_1 \varpi) V$$

$$(p_1 + p_2) \xi_2 = (p + \Theta_1 \varpi) L.$$

Or quand on enregistre, au moyen du vélocimètre, le mouvement de recul du canon, il est possible de déterminer en même temps, à l'aide d'un enregistreur Marcel Deprez l'instant où le projectile sort de la bouche, et l'on obtient, par suite, les valeurs de W_2 et de ξ_2 qui, introduites dans les formules précédentes, permettent de calculer θ_1 et Θ_1. Dans toutes les expériences où l'on a procédé à cette détermination, les valeurs de θ_1 et de Θ_1 ont toutes deux été trouvées très sensiblement égales à $\frac{1}{2}$. On peut en conclure qu'au moment de la sortie du boulet, les valeurs de θ et Θ sont les mêmes.

Si l'on observe maintenant que les expériences ont porté sur des canons différents, que, dans chacun d'eux on a fait subir de grandes variations aux conditions de chargement, on est bien forcé d'admettre que cette égalité n'est point l'effet du hasard, et l'on est en droit de regarder les fonctions θ et Θ comme très sensiblement constantes et égales entre elles pendant toute la durée du mouvement, leur valeur commune étant du reste egale à $\frac{1}{2}$.

Cette conclusion est d'une très grande importance au point de vue de la balistique intérieure ; elle permet, en effet, de poser les formules

$$(p + p_2) v_2 = \left(p + \frac{\varpi}{2}\right) v$$

$$(p_1 + p_2) x_2 = \left(p + \frac{\varpi}{2}\right) x,$$

qui établissent une relation simple entre le mouvement de recul et celui du projectile à l'intérieur de l'âme. Or, l'étude du mouvement de recul au moyen d'appareils enregistreurs ne présente pas de grandes difficultés, et l'application des formules précédentes permet d'en déduire le mouvement du projectile dans l'âme qu'il n'est jamais facile d'étudier directement.

La vitesse de recul au moment de la sortie du projectile est liée à la vitesse initiale par la formule suivante

$$(p_1 + p_2) W_2 = \left(p + \frac{\varpi}{2}\right) V.$$

On voit que la formule proposée par Piobert attribuait à la vitesse maximum du recul une valeur égale à W_2 ; en réalité, le maximum est de beaucoup supérieur à W_2, parce que l'action des produits de la combustion de la poudre continuant à s'exercer après la sortie du boulet, la vitesse du recul s'accroît encore notablement.

Les expériences très nombreuses exécutées à Sevran-Livry sur les canons de 90 mill., 10 cent., 14 cent. et 16 cent., ont montré que si l'on désigne par V_2 le maximum de vitesse de recul, et si l'on pose

$$(p_1 + p_2) V_2 = pV + \varpi M,$$

le coefficient M peut être, pour un canon et une poudre donnés, regardé comme sensiblement indépendant du poids du boulet et de celui de la charge, du moins quand ces poids ne deviennent pas trop faibles. Ce coefficient varie d'ailleurs avec la nature de la poudre et avec le rapport $\frac{c}{c'}$ entre la capacité totale du canon et la capacité de la chambre à poudre ; mais ses variations sont assez faibles pour que, dans la plupart des calibres en usage, on puisse lui attribuer une valeur constante. On fera M = 900 mèt.; c'est à peu près la valeur qui a été déduite des expériences exécutées sur le canon de 10 cent., Mod. 1875 M, lesquelles ont été de beaucoup les plus nombreuses; la formule qui donne le maximum de vitesse de recul est ainsi

$$(p_1 + p_2) V_2 = pV + 900 \varpi,$$

et si dans le recul libre le canon est isolé, V_1 désignant son maximum de vitesse,

$$p_1 V_1 = pV + 900 \varpi.$$

En vertu du théorème de la conservation du mouvement du centre de gravité, le coefficient M représente la moyenne arithmétique des vitesses des particules de la charge à l'instant où cette moyenne est la plus grande. Cette vitesse moyenne serait donc à peu près égale à 900 mèt., et de beaucoup supérieure, par conséquent, à la vitesse initiale du boulet; tandis que, d'après la formule de Piobert, elle n'aurait été égale qu'à la moitié de cette dernière. L'erreur qui résulterait de la formule de Piobert n'était pas très importante quand il s'agissait des canons adoptés au début de l'artillerie rayée pour lesquels le poids de la charge n'était qu'une petite fraction de celui du boulet; mais elle devient énorme avec les conditions de chargement qui sont actuellement en usage et dans lesquelles le poids de la charge est égal au tiers ou quelquefois à la moitié de celui du boulet.

Ainsi qu'on l'a fait observer, ce n'est qu'approximativement que l'on peut prendre M = 900 mèt. Ce coefficient diminue à mesure que la poudre devient plus vive et que la longueur de l'âme s'accroît par rapport au calibre. C'est ainsi que dans le fusil Mod. 1874, la valeur de M est comprise entre 500 et 600 mèt.; mais dans la plupart des canons en service dans la marine, la valeur de M est comprise entre 800 et 1000 mèt., et si l'on ne prétend pas à trop d'approximation, on peut prendre M = 900 mèt.

Admettant ce nombre, il est facile de calculer la valeur du maximum de vitesse que le canon atteindrait dans le recul libre, et si l'on pouvait déterminer à l'avance quelques autres points de la courbe qui représente la vitesse de recul libre du canon en fonction du temps, il serait possible de la tracer avec une exactitude suffisante pour les besoins de la pratique.

Or, dans le *Traité de Balistique expérimentale*, on a été conduit à représenter la vitesse initiale des projectiles par la formule

$$V = N\,10^{-0,6\left(\frac{c'}{c}\right)^{\frac{1}{2}}},$$

(Tome II, page 363). N est un coefficient qui dépend du calibre, du poids du boulet, de celui du projectile, et de la nature de la poudre; c représente la capacité totale de l'âme et c' la capacité de la chambre. La formule convenant à toutes les valeurs de c peut être regardée comme donnant la loi du mouvement du projectile dans l'âme. Soit, en effet, x l'espace parcouru par le projectile, s la section de l'âme,

$$c = c' + s\,x,$$

et la formule peut s'écrire en mettant v à la place de V,

$$v = N\,10^{-0,6\left(\frac{c'}{c'+sx}\right)^{\frac{1}{2}}};$$

elle donne la vitesse du boulet en fonction de son parcours. La formule a été vérifiée en tronçonnant des canons; toutefois, pour les petites valeurs de x, elle doit être inexacte, attendu que pour $x = o$ elle ne donne pas $v = o$, mais

$$v = N\,10^{-0,6},$$

ce qui d'ailleurs est assez naturel, car la formule n'a d'autre but que de donner les vitesses initiales, et il est bien clair que la longueur du canon étant réduite à celle de la chambre, si le boulet était simplement attaché sur la bouche, il prendrait, par suite de la déflagration de la charge, une vitesse qui pourrait encore être considérable.

Mais comme il s'agit ici de reproduire non pas les vitesses initiales que l'on réaliserait dans un canon tronçonné, mais les vitesses successives du boulet pendant son parcours, il est nécessaire de modifier la formule de manière qu'elle donne $v = o$ pour $x = o$ sans que les vitesses correspondant aux grandes valeurs de x soient notablement altérées.

On y parvient en ajoutant au second membre de l'expression un terme constamment négatif qui, égal à $N\,10^{-0,6}$, pour $x = o$, décroisse quand x augmente, et devienne assez faible pour être négligé quand x devient égal à une dizaine de calibres. On prendra, par exemple, l'expression suivante

$$N\,10^{-0,6} \times 10^{-\lambda x} = N\,10^{-0,6-\lambda x},$$

et on déterminera λ de manière que, a désignant le calibre, la valeur du terme soit égale à 2 mèt., par exemple, quand on fait $x = 10a$. La valeur λ se calcule alors aisément, car de

$$N\,10^{-0,6-10\lambda a} = 2,$$

on tire

$$\log N - 0,6 - 10\lambda a = \log 2$$

$$\lambda = \left(\log \frac{N}{2} - 0,6\right) \frac{1}{10\,a}.$$

L'expression de la vitesse en fonction de l'espace parcouru devient ainsi

$$v = N\left(10^{-0,6\left(\frac{c'}{c' + \alpha x}\right)^{\frac{1}{2}}} - 10^{-0,6-\lambda x}\right).$$

On peut, au moyen de cette formule, calculer la valeur de la vitesse qui correspond à un parcours donné, et la formule établie ci-dessus permet d'en déduire la vitesse du recul libre; mais il faut, en outre, déterminer le temps auquel correspond cette vitesse.

Or,

$$\frac{dx}{dt} = v$$

$$dt = \frac{dx}{v}$$

$$t = \int_0^x \frac{dx}{v}.$$

Si donc on construit une courbe en prenant pour abscisses le parcours et pour ordonnées l'inverse de la vitesse v correspondante, l'aire de la courbe, jusqu'à une ordonnée quelconque, représentera le temps pendant lequel l'abscisse est parcourue.

Comme on le voit, la méthode est assez complexe, à cause de l'impossibilité d'exprimer par les fonctions connues l'intégrale $\int \frac{dx}{v}$; mais quand on veut se borner à avoir une idée des effets des freins, on peut se contenter de tracer la courbe des vitesses dans le recul libre d'une manière grossière.

Or, on connaît à l'avance la forme générale de cette courbe; de plus son ordonnée limite V_1 se calcule au moyen de la formule donnée plus haut; si l'on avait, avec l'origine, un autre point de la courbe, on pourrait la tracer au sentiment. Mais au moment de la sortie du projectile, la vitesse du boulet est connue et la vitesse correspondante W_1 dans le recul libre s'en déduit par la formule

$$p_1 W_1 = \left(p + \frac{\varpi}{2}\right) V.$$

Si l'on connaissait la durée du parcours dans l'âme, on aurait par conséquent un autre point de la courbe.

Pour calculer grossièrement cette durée, on peut faire usage des considérations suivantes.

Si la vitesse du boulet dans l'âme variait proportionnellement au temps, le mouvement étant uniformément varié, on aurait

$$v = \alpha t$$

$$x = \frac{1}{2} \alpha t^2,$$

et, en appelant t_1 la durée du parcours dans l'âme,

$$V = \alpha t_1$$

$$L = \frac{1}{2} \alpha t_1^2,$$

d'où, en éliminant α,

$$t_1 = \frac{2 L}{V}.$$

Mais la vitesse augmente beaucoup plus rapidement au commencement qu'à la fin du mouvement; au lieu de remplacer par une ligne droite la courbe des vitesses, en fonction des temps, il est plus naturel de lui substituer une parabole du deuxième degré à axe horizontal, et de poser, par suite

$$v^2 = \beta^2 t,$$

d'où

$$v = \beta \sqrt{t}, \quad x = \frac{2}{3} \beta t \sqrt{t},$$

et, pour l'instant t_1 de la sortie

$$V = \beta \sqrt{t_1}, \quad L = \frac{2}{3} \beta t_1 \sqrt{t_1};$$

on en tire, par l'élimination de β

$$t_1 = \frac{3}{2}\frac{L}{V}.$$

Si on regarde cette valeur de t_1 comme suffisamment approchée, on a un deuxième point de la courbe des vitesses dans le recul libre, et on construira cette courbe au sentiment, de manière que dans cette partie extrême, elle devienne tangente à une droite horizontale ayant pour ordonnée V_1. On en déduira ensuite la courbe des espaces parcourus dans le recul libre par les procédés connus de quadrature approximative en déterminant seulement deux ou trois points, et on se trouvera ramené, pour étudier les freins, au cas qui a été considéré précédemment.

Paris. — Imprimerie L. Baudoin et Cᵉ, 2, rue Christine.

PARIS. — IMPRIMERIE L. BAUDOIN ET C[e], 2, RUE CHRISTINE.

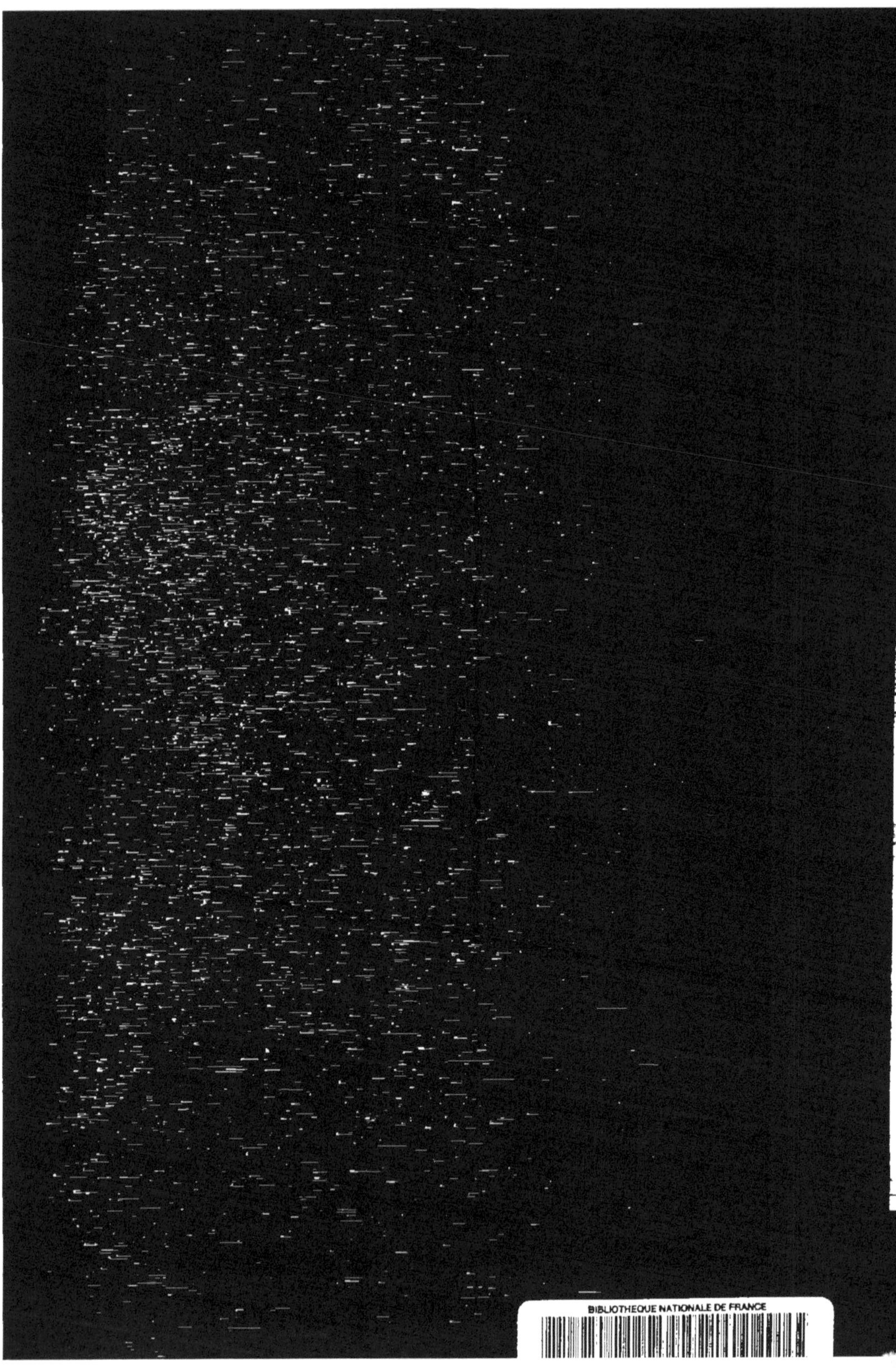

www.ingramcontent.com/pod-product-compliance
Ingram Content Group UK Ltd.
Pitfield, Milton Keynes, MK11 3LW, UK
UKHW020205200726
13856UKWH00003B/1219